哈佛智慧
点亮人生

哈佛
逻辑课

畅销 5 版

穆臣刚◎著

中国法制出版社
CHINA LEGAL PUBLISHING HOUSE

前言 PREFACE

提到逻辑学，有些人会觉得它离现实十分遥远，因为它不像具体的事物那样看得见、摸得着。也有人把它看得高深莫测，甚至觉得它枯燥乏味，因为专业的逻辑表达和训练经常需要运用大量公式、规则等抽象的符号和符号之间的转换。

在生活中，人们似乎与逻辑毫无关联，不懂逻辑学也可以照常工作和生活。但实际上，这是对逻辑的误解。逻辑与人类理性思维的关系类似于空气与生命，我们绝不会因为空气看不见、摸不着而否定它对于生命的意义。人们长期置身于空气中，会忽略空气的存在，同样，已经养成的理性思维的习惯会让我们忽略逻辑的力量。但人类与生俱来的逻辑思维能力，正是人与动物的重要区别之一。

不管是有意识的还是无意识的行为，处处都能体现出一个人的逻辑能力。比如，我们在说话和写作时，需要考虑表达清晰、有条理；在生产劳作时，需要考虑程序合理并提高效率；在科学研究时，收集资料、提取信息、得出结论都需要合理的步骤和正确的方法；甚至在游戏中，我们都需要深入理解以逻辑为核心的游戏规则。

哈佛大学教授、心理学家皮亚杰认为，智力是以逻辑能力和语言能力为核心、以整合方式存在的一种能力，要提高智力，首先就要提高逻辑能力。逻辑能力是指运算和推理的能力，表现为对事物间类比、对比、因果等各种关系的敏感度以及通过数理运算和推理等进行思维的能力。在哈佛大学，对于这种能力的培养一直被置于极其重要的位置。

哈佛大学对于教师的要求一向十分严格，所有教师不仅要有广博的知识，要熟透各种案例，而且要有较强的逻辑分析、要点概括和驾驭课堂的能力。其中，逻辑分析能力被视为考查教师能力的重要因素之一。另外，世界各国高中生申请进入哈佛大学本科学习及获得奖学金都要通过SAT考试，这门考试主要考查学生的逻辑思维能力。

在哈佛校园里，各种社团经常会举办主题多样的辩论会，目的是锻炼和提高学生的逻辑推理与思辨能力、批判性思维能力等多种能力。除此之外，还流传着许多有趣的逻辑题。有这样一道题：一口平底锅一次只能煎两条鱼，煎一面需要一分钟，问煎三条鱼需要几分钟？你会怎样作答呢？

逻辑思维是这样的：假如有鱼A、B、C三条。第一分钟，煎鱼A的正面、鱼B的正面；第二分钟，把鱼B拿出来，把鱼C放进去，煎鱼A的背面、鱼C的正面；第三分钟，把鱼A拿出来，把鱼B放进去，煎鱼B的背面、鱼C的背面，这样三条鱼都熟了。你的答案也是这样吗？当然，逻辑题的答案有时并不唯一，每个人都有自己的想法和解释，但怎样的答案才最精妙、最能体现智慧，往往只有逻辑思维能力较强的人才会知道。

总之，具有超常逻辑思维能力的人，走到哪里都是卓尔不群的。下面，就请走进逻辑思维世界。在领略哈佛思维的同时，本书带你走向一个与众不同的精彩人生。

目录
CONTENTS

理论篇

Lesson 1 逻辑学：辩才与智慧的思维方式

Lesson 2 明确概念：你的意思，别人能理解吗？

Lesson 3 恰当判断：一语成就聪明人

Lesson 4 逻辑推理：从因果关系中寻求理念

Lesson 5 逻辑论证：有理有据的论证才让人信服

Lesson 6 逻辑规律：不合逻辑的思维，再好也没意义

应用篇

Lesson 7 做人逻辑：“人”字很好写，做起来不简单

Lesson 8 思想逻辑：思考的深度决定前途的广度

Lesson 9 幸福逻辑：心态健康，就能感知幸福

Lesson 10 处世逻辑：世事洞明皆学问

Lesson 11 投资逻辑：换个观念，你便是赢家

Lesson 12 博弈逻辑：智者与傻瓜的相对论

Lesson 13 社交逻辑：社交资源就是无形资产

理论篇

Lesson 1

逻辑学：辩才与智慧的思维方式

逻辑不像具体事物那样看得见、摸得着，没有学习逻辑似乎也可以照常工作和生活。有人把它看得高深莫测，甚至有点神秘，觉得那是哲学家或数学家们思考的事情；还有人会觉得它枯燥乏味，因为专业的逻辑表达和训练经常需要运用大量的公式、规则等看似抽象的运算。但这些都是对逻辑的误解，其实，人们在工作和生活中处处体现着自身的逻辑能力。逻辑思维的过程就像是玩智力游戏，帮人们把复杂的表达简单化，揭示隐藏的内容，同时提高人们的理解能力。

生活处处有逻辑

一提到“逻辑”二字，很多人会觉得它离现实很遥远，只会出现在福尔摩斯探案小说里，或是出现在法庭上控辩双方的交锋过程中。但如哈佛大学逻辑学家奎因所认为的那样，现代逻辑应当是一种有用的工具。生活中处处有逻辑，我们看下面这个案例。

亚伯拉罕·林肯从政之前曾是一名律师。在他多年的律师生涯中，接触过的案子数不胜数，其中有一个案子给人留下了十分深刻的印象。

这个案件的被告是一名叫阿姆斯特朗的男孩，他被指控谋财害命，而且已经被初步判定为有罪。作为他的辩护律师，林肯反复查阅了所有相关案卷，发现能够证明阿姆斯特朗有罪的唯一有力证据就是一个证人的口供。证人曾发誓说，在10月18日夜晚，借着月光清楚地看到被告枪杀了死者。

林肯经过认真分析，发现证人的口供有不可信之处，但他没有向任何人提起，直到再次开庭审理此案。复审时，林肯要求向证人提问。证人就座之后，林肯抬头看了看他，拿出之前记录的口供，再次对他询问。

“你就是证人？”林肯问道。

“是的，我是在10月18日晚上看到被告阿姆斯特朗枪杀死者的。”证人不假思索地回答。

“你发誓？”

“当然，我发誓看到的就是他而不是别人。”

林肯点了点头，接着问道：“你看得很清楚？”

“是的，我在草堆后，借着月光看到他在大树下行凶，当时月光很明亮。”

林肯看着证人的眼睛，饶有兴趣地问道：“你怎么确定就是他？”

证人看了看林肯，目光又迅速移开，回答说：“我们之间有二三十米远，我看清了他的脸。”

“你确定是晚上 11 点？”

“确定，当我回到屋里时，墙上的挂钟显示着 11 点 15 分。”

所有在场的陪审人员以及台下听审的人都觉得林肯问的话毫无新意，而证人言之凿凿，案件看来没有什么变数。就在这时，林肯突然高声说道：“现在，我能确认一点，这个证人是个十足的骗子。他发誓在 10 月 18 日晚上 11 点看清了被告的脸，但他忽略了一个常识，那就是 10 月 18 日当晚是上弦月，11 点的时候，月亮已经下山，还哪儿来的明亮月光？即便是他将时间记错，当晚月光是从西照向东，然而草堆在东，大树在西，被告的脸朝向草堆，是不可能被月光映照的！”在场的人听到林肯的辩词，都敬佩地鼓起了掌，而证人则被说得无言以对。经过林肯出色的辩护，阿姆斯特朗被宣告无罪。

这个庭审案例充分地体现了林肯出众的逻辑思维能力。他能够从看似合理的证据之中发现不合常理之处，发现证人的话出现纰漏时，他并没有立即指出，反而继续漫不经心地问下去，使得证人掉以轻心，接着出现更多的纰漏。逻辑就是这样一环扣一环，由什么原因推理什么结果。你的证据可以证明对方是正确的，也可以证明对方是错误的，重点在于你的证据是否可靠、可信，这就需要拥有敏锐的目光和善于思考的头脑。

伟大的物理学家爱因斯坦曾经在柏林洪堡大学担任教授。有一次，他在课堂上给学生们出了一道题：有两位疏通烟囱的工人，在一次完成工作后，先后从烟囱里爬出来，其中一位很干净，另一位却满脸煤灰。请你们回答，两人谁会急着去洗脸呢？

话音刚落，一位学生便给出了自己的答案："当然是那位满脸煤灰的工人了！"

爱因斯坦笑了笑说："不要着急回答，你们想象一下，如果自己是其中一位工人，看到另一位工人的脸，会有什么想法呢？"

教室里安静了片刻，突然一位学生兴奋地发现了答案，他回答说："我知道了，干净的工人看到搭档满脸煤灰，就会觉得自己的脸一定也是那样脏，所以他会急着去洗脸。而那位满脸煤灰的工人看到搭档的脸很干净，便会觉得自己也一样干净，所以他一定不会急着去洗脸。"

大家似乎都赞成这个答案，但爱因斯坦并没有给出最终答案，只是慢条斯理地说："两个人同样是从一个烟囱里爬出来，怎么可能一个是干净的，另一个是脏的呢？"

哈佛逻辑精点

史密斯、约翰逊和米勒三人都是哈佛大学的教授，其中有人讲授英文，有人讲授数学，还有人讲授阿拉伯语，但我们不知道具体哪位教授对应哪门课程。只知道史密斯教授讲课全用英文；阿拉伯语老师是一位学生的舅舅；米勒教授是女教师，她的女儿经常会向数学教师请教问题。通过上面的已知条件，你能在五分钟内判断出三位教授分别讲授什么课程吗？

提示：哈佛大学数学课通常是英文授课。

逻辑学的来龙去脉

“逻辑”这个词由英文 logic 直接音译而来，而英文 logic 又是译自希腊文。原来在希腊文里，这个词的意思是指理性、思维、言辞等。逻辑作为一门科学，主要有三个分支：形式逻辑、数理逻辑、辩证逻辑。其中，形式逻辑的研究由来已久，早在两千多年前的古代中国、古希腊和古代印度就已经产生。

中国古代学者惠施、公孙龙、墨子、韩非等人既是哲学家又是逻辑学家。墨子和弟子总结了前人的研究成果，写出了中国历史上第一部逻辑经典著作——《墨经》，提出了一个比较完整的逻辑体系。

古希腊的哲学家亚里士多德是欧洲古代逻辑的创始人，他的逻辑名著《工具论》系统总结了逻辑研究的成果，对后世影响很大。亚氏被西方誉为“逻辑学之父”。我们现在一般所学的逻辑学，主要仍是亚氏古典逻辑的体系。

古代印度在各教派论证中，逻辑学也得到了发展，他们把这种学问叫作“因明学”，主要研究逻辑的论证。古代中国、古希腊和古代印度被逻辑史学家称为逻辑学的三大发源地，在世界逻辑史上占有极其重要的地位。

数理逻辑是在传统的形式逻辑基础上发展起来的一门逻辑科学。从 17 世纪开始，便有科学家企图用数学方法研究逻辑。德国数学家莱布尼茨是最早提出这种设想的人，他也成了数理逻辑的创始人。

数理逻辑用一套人工语言，即符号与公式，对逻辑思维形式进行一系列的推演，因此也叫作“符号逻辑”或“现代逻辑”。数理逻辑虽然历史没有那么长，但由于它与现代科学技术尤其是电子计算机的发展密切相关，因此已经成为一门重要的边缘科学，并被广泛应用于各种科学技术和生产、管理部门，对推动现代化科学技术的发展起着重要作用。

辩证逻辑是研究辩证思维规律的一门逻辑科学。此外，现代人对于逻辑的研究还在不断发展中，这也使逻辑的分支逐渐增多，如提出了模态逻辑、时态逻辑、多值逻辑和模糊逻辑等。近几年由于把逻辑应用到各个科学领域，使逻辑应用研究也有了进一步发展，如产生了法律逻辑、医学逻辑、教育逻辑等。

哈佛逻辑精点

一天夜里，大侦探爱森罗平还在办公室里，有人给他发来一份电报，电文如下：博物馆里毕加索的画将被盗——友。

爱森罗平看完电报，马上驱车赶到博物馆。他在大厅里看到空空的画框挂在那儿，画已经被盗走了。当时，在他的身旁还站着两个人，一个是衣着讲究的女子，另一个是穿着制服的保管员。

爱森罗平对那个女子说："我是警察局的，刚才接到通知，说博物馆里毕加索的画将被盗。显然我来晚了，你是管理员吗？"

"是的，"她回答，"几分钟前，保管员通知我，说我们收藏的那张最贵重的画被盗走了。"

于是，爱森罗平问保管员："你是什么时候发现的呢？"

保管员回答道："晚上10点钟之前，这是赶巧了。博物馆晚上7点钟关门，也就是说，在两个钟头之前是我关的门。本应明天早晨才开门的，可是我把一本书遗留在大厅里。在没有人来参观的时候，我常用看书来消磨时间，今天我想把它看完，就决定回来取书，没想到发现画被盗了。”

“在你关门之前、停止进人之后的那段时间，画还在吗？”

“当然在！因为关门前我还给画掸灰尘来着，要是那时候画已经没有了，我肯定会发现。”

爱森罗平又问那个女子：“你对这一切的看法呢？”

“我想，是偷画的人自己给你发的电报，可能他是故意要把水搅浑。据我所知，刑事案件里这种贼喊捉贼的事还是屡见不鲜的。”

“你说得对。不过情况已经摆在这里，偷画的是你们两个人当中的一个，而且我不想隐瞒，我已经知道你们当中谁与案件有牵连了。”

大侦探爱森罗平怀疑的是谁呢？他的根据是什么？

提示：爱森罗平在见到管理员和保管员后，在与他们的对话中只字未提“电报”二字。

思维就是透过现象看出本质

科学领域一般划分为三大部类，即自然科学、社会科学和思维科学。如果把数学、哲学单独提出，作为两个独立的部类，则可分为五大部类。每一部类都有自己的研究领域，每一门科学都有自己的特定研究对象。如数学是研究数量关系及空间形式的科学；化学是研究物质的组成、结构、性质和变化规律的科学；史学是研究人类历史的科学；逻辑则是以人类思维为研究对象的科学。但逻辑不是研究思维的一切方面，它只从逻辑形式方面研究思维。

什么是思维？简单地说，思维是人们认识过程的理性阶段，是人对现实间接、概括的反映。人的认识过程包括感性认识和理性认识两个阶段。在感性认识阶段，人通过感觉、知觉、表象认识事物的外部特征。当进入理性阶段后，则通过概念、判断、推理等思维形式认识事物的本质、事物的内部联系，是人的认识过程中一次质的飞跃。这个理性阶段也就是思维阶段，它的主要特点就是能够间接、概括地反映事物的本质及规律。

例如，我们对国旗的认识，首先看到的是它的形状、颜色、图案等，这些都是通过感官得到的感性认识，只反映国旗的外部特征。当把这些感性知识综合起来，了解到它具有代表一个国家的意义之后，在人们的头脑里便形成了概念。比如，五星红旗代表着中国，星条旗代表着美国，米字旗代表着英国……这时的认识已经不再是感性认识阶段上个别的、直接地反映了，而是认识了事物的内在本质，进入理性认识阶段，对事物获得了间接、概括的认识，形成了概念。无论在哪里，人们见到国旗，思维里就有了一个国家的概念，因为头脑里已经保存了这个概念，便可以随时随地去认识这个事物。

形成概念是人的认识进入理性阶段的第一步，也是思维过程的最基本形式。以概念为基础，就可以进一步构成判断及推理。例如：

1. 凡是国旗都是国家的象征；

2. 这面旗帜是国旗；

3. 所以这面旗帜是国家的象征。

以上三句话都是由“国旗”及其他概念构成的判断。在这三句话中，由前两句可以推出第三句话，获得新的认识，这就构成了推理。由此可见，人的思维过程，就是在感性认识基础上，借助概念、判断和推理进行的认识活动。而逻辑就是以概念、判断、推理等思维形式为研究对象，总结如何运用这些思维形式正确表达思维的科学。

逻辑学在研究思维形式时，不是拿一个个具体的思维形式来研究，而是从同一类的具体思维形式中概括出共同的形式结构，即思维的逻辑形式。那么，什么是思维的逻辑形式？让我们先看下面几句话：

1. 所有工人都是劳动者；

2. 所有楼房都是建筑物；

3. 所有小说都是文学作品。

以上三句话，从思维形式上看都是判断。虽然每句话所反映的内容各不相同，但都属于同一类型，有着共同的形式结构，即“所有……都是……”逻辑上把这种共有的不变部分叫作“逻辑常项”，把可变的部分叫作“逻辑变项”。前者即“所有”“都是”，后者以字母“S”和“P”分别表示反映的对象及其属性。把逻辑常项和逻辑变项结合，就是这种判断的共同形式结构，即逻辑形式：所有 S 都是 P。分析逻辑形式的性质和特点以及与其他判断形式的关系，从而告诉人们如何正确运用此种判断，合乎逻辑地表达思想，这便是思维的意义。

逻辑思维通常有着一定的规则，不符合常规的思维也就不合逻辑。比如，在上文的逻辑形式中，将逻辑变项的位置对换，会出现这样的结果：

1. 所有劳动者都是工人；

2. 所有建筑物都是楼房；

3. 所有文学作品都是小说。

显然，这三种说法都是错误的。逻辑学告诉我们，在思维的逻辑形式中，“所有 S 都是 P”并不意味着“所有 P 都是 S”。

哈佛逻辑精点

贝拉考上了重点中学，收到通知后，他高兴极了，连忙跑回家向爸爸妈妈报喜。他说："听说在重点中学读过书的很多学生考上了哈佛大学，我现在是重点中学的学生了，那么我也能考上哈佛大学了。爸爸妈妈你们说，真的是这样吗？"

爸爸高兴地说："孩子，是这样的！"

妈妈也随声附和道："你说的没错！"

请问，贝拉说的话到底对不对呢？如果你认为不对，那么根据在哪儿？

提示：很多学生并不能代表所有学生，个别现象并不能代表本质。

用已知推理未知，得到新知

逻辑的根本任务就是总结正确思维的形式和规律，它是人们认识客观世界和获得新知识的思维工具。任何新知识的获得都是在已有知识的基础上，运用逻辑推理的结果。下面我们来看一种推理的逻辑形式：

1. 所有工人都是劳动者，

所有矿工都是工人，

所以，所有矿工都是劳动者。

2. 所有服务人员都应使用文明语言，

所有商店售货员都是服务人员，

所以，所有商店售货员都应使用文明语言。

1、2 两段话，从思维形式上看都是推理，虽然内容不同，但它们之间有着共同的形式结构，即：

所有 M 都是 P，

所有 S 都是 M，

所以，所有 S 都是 P。

我们再来看一件日常生活中的事例：某天清晨，一家工厂的部门经理到处寻找电工艾伦，因为工厂的电力系统出现了故障。可是很多人都说没看到艾伦，只有同事哈利若有所悟地指着艾伦的工具箱说："艾伦来了，因为他的工具箱已经打开了锁，而昨天下班时，我看见他锁好工具箱才离开的。"

经理听到这话，觉得有道理，就在工具箱边等了一会儿。果然，艾伦很快就从外面走了进来。在许多人都不知道艾伦来没来的情况下，为什么哈利知道他来了呢？这是因为哈利借助逻辑推理得到了新的认识，即：

只有艾伦来了，他的工具箱才会打开锁，

他的工具箱打开了锁，

所以，艾伦已经来了。

可见，拥有一定的逻辑推理能力，很多生活中的小困惑都能迎刃而解。从科学发展方面看，在科学研究中的任何一个联想或顿悟都包含着逻辑推理。而且，推理往往会成为科学发现的先导，科学史上这样的事例也屡见不鲜。

英国医生琴纳看到挤奶女工的手指接触到长着天花的牛身上的脓浆，便被传染上了牛痘，但是疮口愈合后，这些女工便不会再生天花了。他由此联想到：给人接种牛痘可以免除天花。于是，琴纳用了 30 年的时间反复试验，最后获得了成功。从此，人类用种牛痘的方法免除了天花的威胁。从逻辑上看，琴纳的发现是借助类比推理进行思考的结果。

许多重大的科学发现，都是建立在科学实验的基础上，掌握足够的事实和数据后，通过正确的逻辑推理而获得的。例如，俄国化学家门捷列夫发现的“元素周期率”，就是根据当时已经发现的63种化学元素的各种性质进行归纳而得到的科学规律。他所借助的思维工具主要是归纳推理。

最能体现逻辑推导作用的要算欧几里得几何学，其中的每一条定理都是根据已知的公理、定义或已被证明的定理一步步通过演绎推理推导出来的，从而构成了一个严密的逻辑体系。物理学家爱因斯坦曾赞誉欧几里得几何学是“一个逻辑体系的奇迹，这个逻辑体系如此精密地一步一步推进，以至于它的每一个命题都是绝对不容置疑的”。

以上事例说明，无论在日常生活中，还是在科学研究中，逻辑都是认识客观事物、获得新知识的有效思维工具。哈佛学子查尔斯 · 皮尔士，既是自然科学家，又是逻辑学家，他就将自然科学与逻辑学很好地结合起来，使其相互促进，进而取得了相应成就。应该说，在社会各个领域的每一项新突破、新成果的出现都不是偶然的，除了必须具备的客观条件外，重要的是人们的主观因素。显然，提高人们的逻辑思维能力，自觉地在实际工作中应用逻辑，有助于发展人们的创造性思维，对提高各项工作的效率起到重要的作用。

哈佛逻辑精点

某大学的教室管理条例中有一条规定是这样的：“在教室上晚自习的同学，最后走的要把教室的门锁好。”有一天晚上，某系二年级学生A、B、C、D四人在一间教室里上自习，最后离开教室的那位同学忘记了锁门。凑巧的是，当晚有小偷进入了该教室，偷走了教室里的所有电子设备。

第二天早晨，管理员发现后，经过调查，证实当晚在该教室上自习的同学只有A、B、C、D四个人，并且了解到他们离开教室后是直接回宿舍的。于是管理员就问他们是谁最后离开教室的，但他们自己也不清楚，只是给出了如下的回答。

A说："我回宿舍路过C的房间时，看见C还没睡。"

B说："我和D住同一间宿舍，我回来时看见他已经睡了，然后我也马上就睡了。"

C说："我经过B的房间时，发现他正准备上床睡觉。"

D说："我早早就睡了，根本不知道谁最后回来的。"

管理员相信他们讲的都是实话，而且根据他们所说的情况，很快判定最后离开教室的同学是谁。那么，究竟是谁最后离开教室的呢？管理员为什么能迅速作出正确的判断呢？

提示：回到宿舍的先后顺序也就是离开教室的顺序。

避免不合逻辑的表达方式

"逻辑"是个多义词，人们常常在言谈中听到，或在文章中见到这个词，但不一定都能准确地说出这个词的含义。这是因为"逻辑"这个词放在不同的语言环境里，它表达的意义有所不同。例如：

1. 新事物的出现必然会取代旧的事物，这个过程是合乎逻辑的。

2. 他的讲话很有逻辑性。

3. "看人体艺术，就是思想不健康"，这真是奇怪的逻辑。

4. 大家都应学点逻辑。

在第1句中,“逻辑”是指客观事物的发展规律。比如说历史的逻辑、生活的逻辑等，其中的“逻辑”都是这个意义。在第2句中，“逻辑”是指思维规律。比如，平时我们所说的文章的逻辑、合乎逻辑的结论、演说的逻辑力量等。在第3句中，“逻辑”是指某种特殊的说法。这种用法常见的还有强盗的逻辑、霸道的逻辑等。在第4句中，“逻辑”是指逻辑这门科学。如有人说应当普及逻辑、逻辑不难学、我参加了逻辑考试等，这里的“逻辑”都是指逻辑学。

逻辑不仅是人们认识事物的重要思维工具，而且是进行表述和论证的思维工具。表述和论证不外乎通过说和写来进行。说话和写文章是人们运用语言、文字传递思想信息的交际方式和途径。说话人人都会，但要把话说好，却不是一件容易的事。写文章更是如此，它是一种书面表达方式，不经过一定的训练是写不出好文章的。对于说或写，最基本的要求是意思表达清楚。要做到这一点，除了注意语法规则外，还要注意逻辑，因为许多语句的语法错误，实际上是不合逻辑造成的。例如：

1. 奥马的家乡是夏威夷人。

2. 哈佛大学天文学家发明了一颗新星。

第1句从语法上看，属于主谓不合的错误，实际上是逻辑问题，其根本原因是把“奥马的家乡”和“夏威夷人”这两个没有相容关系的概念联系起来，造成了判断的错误。可见，语言表达上的主谓不合，实际上是运用概念的错误。第2句从语法上看，属于动宾不合的错误，实际上也是逻辑问题，其根本原因是把“发明”与“发现”两个概念相混淆，而误用了“发明”这个概念，造成判断的失误。可见，语言表达上的动宾不合，实际上也是运用概念的错误。

值得注意的是，有些语言虽然合乎语法规则，却不合乎逻辑。例如：

1. 我把母亲和家人接到柏林一起生活。

2. 因为所有的文艺都是文化，所以所有的文化都是文艺。

第 1 句从语法上看没有错误，但从逻辑上看，“母亲”和“家人”是具有从属关系的概念，不能并列使用，属于逻辑错误。第 2 句从语法上看也没有错误，但从逻辑上看，违反推理规则，属于逻辑错误。

此外，有些语言习惯虽然不合逻辑，但已经约定俗成，不影响理解，可不看作逻辑错误，如“救火”“好容易”“打扫卫生”等。

由此看来，要准确表达思想必须既合乎语法，又合乎逻辑。一般来说，语法分析是以逻辑分析为依据，这是因为语言是表达思维的，思维中概念不清就会用词不当，判断不当就会造句错误，推理不合逻辑就会使论述失去说服力。

人们在表达中，除去一般陈述外，还要对提出的观点或看法进行论证，以确定自己的观点，达到说服别人的目的。论证是从事任何工作都要运用的一种复杂的思维形式。在论证过程中，正确运用逻辑推理是严密论证的必要条件。语言表达的论证性体现为具有折服人的逻辑力量。

哈佛逻辑精点

某食品公司的负责人因批准出售大批过期的奶油而被起诉。这位被告在法庭上对于批准出售过期奶油的事实完全承认，不过他却为自己辩护。他说：“保证公司的利益是每个负责人的责任，我这种行为不过是为了保护公司方面的利益，所以我认为自己这样做是为了尽自己的责任。”请问，这位被告的自我辩护在逻辑上能否成立？

提示：保护公司的利益没有错，但前提是保护合法的利益。

有逻辑的头脑，才不吃哑巴亏

论辩是论战双方维护自身观点、反驳对方的思维过程。逻辑的研究最早就是为适应论辩的需要而产生的。无论是古代中国还是古希腊，都曾出现过学派林立、百家争鸣的文明盛世，各学派之间常常进行激烈的争辩。论辩中无论是证明还是反驳，都离不开逻辑推理，并且双方都要遵守逻辑规律，不得偷换概念或自相矛盾，否则争论就得不出任何结果。

一场唇枪舌剑的辩论，往往由于双方对同一概念有不同的理解而争论不休，甚至有人利用人们缺乏逻辑知识，有意违反逻辑，进行诡辩。所谓诡辩，就是故意违反逻辑规则，用貌似正确实则错误的言论为自己的错误辩护。例如，有这样一个《旅行者诡辩》的故事。

有一个旅行者经过长途跋涉后又饿又渴，发现一家酒店后，便径直走了进去。

“老板，请问汉堡多少钱一份？”

“3 美元一份，先生！”

“请给我拿两份。”

老板给旅行者递过两份汉堡后，旅行者又问：“请问黑啤酒多少钱一瓶？”

“6 美元一瓶，先生！”

“现在我感到渴比饿更厉害，我想用两份汉堡换一瓶黑啤酒，可以吗？老板！”

“当然可以。”

老板收回了汉堡，拿来一瓶黑啤酒，旅行者一饮而尽，然后背起背包就要离开。

老板急忙说："请稍等，先生。你还没有付啤酒钱。"

"我不是用两个汉堡换的啤酒吗？为什么还要给钱？"

"可是两个汉堡的钱你也没有付啊，先生！"

"我没吃你的汉堡，为什么要我付汉堡的钱呢？"老板一时无言以对，听任旅行者扬长而去。

这个故事中，旅行者用了偷换概念的手法进行诡辩，使自己听起来似乎有理。其实旅行者在对话过程中，是把"没有付钱的汉堡"偷换为"已经付钱的汉堡"。当老板指出他还没有付汉堡钱的时候，他又把话题由"未付钱"转移到"没有吃"，而由"没有吃"又推出"不付汉堡钱"。实际上，旅行者搞的一系列貌似有理的诡辩都是违反逻辑的。

早在两千多年前，古希腊的亚里士多德就指出了对付诡辩的办法。他说："对于一个歧义的名词或歧义的表述，一个人的答辩应当像下面这种样子，说'在一种含义上它是这样，而在另一种含义上它不是这样'。""假如你事先不发觉问题的双关性，按你所了解的答复了，而提问的对方把问题看成和你理解不同的含义，你就应该指出：'那不是我承认时所理解的意思，我是这样理解的。'"

哈佛逻辑精点

古代欧洲的奴隶社会里，在决定是否处决死囚之前，法官都要抽签请神作最后的判决。规则很简单，法官在两张小纸片上分别写上"生"和"死"两个字，凡能抽到"生"字的死囚，都可以获得赦免。

有一次，一个无辜的农夫被官府里的一个仇人诬告，法官判了他死刑。仇人为了不让他得到赦免，就偷偷地请求法官在两张纸片上都写了"死"字。这样一来，无论农夫抽到哪一张，都难逃一死。

但是仇人的诡计被一个善良的官员发现了，他不忍心看到农夫被害，于是借探监为名将此事告诉了农夫，要他当众揭露仇人的阴谋。奇怪的是，农夫却叫这个善良的官员不要把秘密泄露出去，他自有办法死里逃生。

到了抽签定生死的那一天，农夫果然被赦免了。由于他的机智，使仇人的阴谋彻底破产。请问农夫想出了一个什么样的办法，才让自己死里逃生呢?

提示：虽然两个都是“死”签，但公众并不知情，还以为其中一个写着“活”字。农夫随便抽出一个都是“死”字，但是剩下的那一个也是“死”字，如果公众只能看到剩下的那一个签，不就意味着农夫抽中了“活”字吗?

Lesson 2

明确概念：你的意思，别人能理解吗？

概念是思维的细胞，是人们构成命题进而推理的基本要素。由概念组成命题，再由命题组成推理，所以说，没有概念，就无法进行思维活动。人们通过观察、交流、推理获得新的知识，在此基础上形成新的概念。可以说,概念凝结并巩固着人类在一定阶段上对于事物认识的成果。概念又是认识的工具，借助概念，人们可以从本质上把同类对象联系起来，把不同的对象区分开来。因此，保证概念的明确十分重要。

“妈妈班车”引起的矛盾

有一座工厂，很多员工上下班要靠厂里的班车接送。一开始，班车只接送家住郊区的员工，可是后来请求乘坐班车的人越来越多，特别是厂里很多怀孕和带小孩的女员工。

工厂领导反复考虑，决定增开一辆“妈妈班车”专门接送年轻的妈妈,并规定这辆车在下班时比别的车先开。这当然是一件好事,可是“妈妈班车”开始运行的第一天就引起了矛盾。

那天刚下班，许多年轻的妈妈都涌到“妈妈班车”上，当然，这里面除了怀孕和怀抱婴儿的女员工外，还有一些年轻的女员工。她们有的说自己的孩子虽然没有抱过来，但是还没有断奶，正在家里等着她们早些回去哺乳；还有的说自己的孩子在幼儿园里，她们要早点儿回去接孩子回家。班车司机看到车上人太多，要求这些没带孩子的女员工乘坐别的车，她们却说：“这是‘妈妈班车’，我们都是做妈妈的，为什么不能乘坐？”结果，班车拥挤的问题仍然没有得到解决。

问题出在哪里呢？从逻辑上说，问题就出在“妈妈班车”这个概念不明确上。谁也说不清楚“妈妈班车”究竟是怎么一回事。主管这件事的工会代表认为,“妈妈班车”只给年轻的妈妈乘坐。但是“年轻的妈妈”也是一个含糊的概念，到底什么样的女员工算是这里所说的“年轻的妈妈”呢？这个谁也说不清楚。后来，工厂明确规定“妈妈班车”专门接送怀孕和怀抱两岁以下婴儿的女员工，这才解决了实际问题。

由此可见，概念本身要明确，这一点在说话办事的时候都很重要。概念是人们对客观事物的反映，属于主观世界范畴。它是思想的最小单位，或者说是思想的细胞。概念只有借助于词语才能存在和表达出来，它是词语的思想内容。但是，我们不能把概念和客观事物混为一谈，也不能把概念和词语混为一谈。

概念是思维对客观对象的反映，是形成于思维的东西，因而它是看不见、摸不着、听不到的，必须借助于语言才能表达出来。概念的语言形式是词或词组。在使用词语表达概念时，要力求用词的准确性。如果把一个在不同语境中表达不同概念的词，当作表达同一概念的词，就会造成误解。在现实生活中，这种偷换概念、故意违反逻辑的应用可能造成可笑的喜剧效果。这是因为有些词由于它的多义性，可以产生某种巧合，这样就给幽默和智慧提供了机会。

有一次，林肯和政敌道格拉斯进行辩论，道格拉斯指控林肯说一套做一套，是个双面人。林肯立刻回答：“道格拉斯指控我是双面人，大家说说看，如果我有另一张脸的话，还会带着这张丑脸来见大家吗？”林肯的话把大家逗得捧腹大笑，连道格拉斯也忍不住笑了起来。

可见，概念和词语之间有对应的一面，也有不对应的一面，二者是不完全对应的关系。另外，要求概念明确，在不同情况下其程度可以有所不同，不能一概而论。比如，科学研究以及关系国计民生的众多领域都要求有精确的数据和严格的界限。例如，在气象学上，“大雨”指日(24小时)降水量为25.0至49.9毫米的降雨或者1小时降水量为8.1至16.0毫米的降雨。但在日常生活中，“大雨”这个概念只是泛指雨量较大的雨。这类概念尽管没有精确的数据和严格的界限，但只要无损于思维活动和思想交流的顺利进行，也就不失为明确的概念。比如说“即使明天下大雨，我也一定去！”这里的“大雨”就不是那种严密的概念，但是谁会认为它不明确、不能用呢？

在“妈妈班车”事件中，“年轻的妈妈”非要有严格的界限不可，但是在其他场合就不一定如此了。例如，某服装店贴出广告："本店竭诚为年轻的妈妈服务。"这里的"年轻的妈妈"泛指一切年纪较轻、孩子较小的女性，并没有严格的界限，但是大家都能理解其中的含义，所以不失为明确的概念。

哈佛语言学教授丹尼尔·戈尔曼博士认为，只有明确的概念，才能用来正确地进行思维活动和开展思想交流。含混模糊的概念会造成不恰当的判断和不合理的推理，也不可能使别人理解。

"笔杆子"可不同于"笔杆贩子"

维克多·雨果是法国浪漫主义文学运动的领袖，他的著作《悲惨世界》是 19 世纪著名的小说之一。雨果除了爱好写作之外,还很喜欢旅行。有一次他出国游玩，来到某国边境，该国士兵要求检查登记。雨果十分配合，士兵问他姓名，他回答："维克多·雨果。"问他干什么的，他回答："写东西的。"士兵显然对此略有疑问，于是又问了一句："你以什么谋生？"雨果回答说："笔杆子。"于是，士兵点了点头，并示意他可以通过边境了。

雨果准备离开的时候，无意间看了一下士兵的登记簿，上面写道："姓名：维克多·雨果。职业：笔杆贩子。"

堂堂大作家竟然成了笔杆贩子，为什么会发生这样的笑话呢？这是因为士兵和雨果对同一个概念的含义作了不同的理解。雨果所说的"笔杆子"指的是"作家"这一职业；而士兵所理解的"笔杆子"就是"卖笔杆的"。由此可见,要正确表达思想,达到相互理解,必须明确概念的含义。只有明确了概念的含义，才能明确这个概念所指的对象范围。

概念是主观性与客观性的统一，因此它包含两个层次：一是客观存在的事物，二是主观存在的概念，这两个层次之间是被反映与反映的关系。显然，如果没有客观事物，也就根本不会有概念的存在，这是概念客观性的一面。另外，概念又不等于客观事物本身，它是经过反映以后形成于思维的东西，不再属于实物的原型，这是概念主观性的一面。

逻辑学要求概念本身明确，不仅要求它正确地反映客观事物，还要求它的内涵和外延都明确。概念的内涵，就是概念所包含的意义；概念的外延，就是概念所涉及的范围。例如，“商品”这个概念的内涵是为了交换而产生的劳动产品，这个概念的外延是市场上的服装、食品、住房、汽车等满足人们某种需要的物品。概念的内涵和外延密切地联系着，而内涵是主要的，概念的内涵明确了，外延也就明确了。

从一个概念来看，内涵是概念的质，外延是概念的量。内涵和外延是概念中相互依存的两个方面，一定的内涵决定着一定的外延，一定的外延必由一定的内涵所制约。因此，明确一个概念，首先就要明确它的含义，也就是明确它的内涵，然后才能准确指出它的外延范围。开始我们讲的那个士兵之所以会把雨果当作笔杆贩子，就是因为士兵对“以笔杆谋生”这个概念内涵的理解与雨果的理解不同。

再如，有一道题：“地球的天然卫星有几个？”有人回答一个，有人却想了半天不知如何回答，其原因就是对“地球的天然卫星”这个概念的内涵不清楚，所以确定不了它的外延数量。实际上，问题里包含了三个必须明确的概念，即卫星、天然卫星、地球的天然卫星，只有把前两个概念搞清楚，才能搞清第三个概念。卫星，是指围绕行星运行，本身不发光的天体；天然卫星，是指非人工制造的卫星；地球的天然卫星，是指非人工制造的，绕地球运行，本身不发光的天体。明确了“地球的天然卫星”的内涵，也就能够明确指出它的外延，即只有一个，那就是月球。

在两个有包含关系的大小概念之间,如果其中一个概念的内涵越多,则其外延越小;如果一个概念的内涵越少,则其外延越大。这在逻辑上叫作“反变关系”或“反比关系”。例如,“学生”与“哈佛学生”是两个具有包含关系的概念。其中,“哈佛学生”的内涵比“学生”的内涵多了一个“哈佛”属性,其外延则比“学生”要小;“学生”比“哈佛学生”的内涵少了一个“哈佛”属性,其外延则比“哈佛学生”要大。

概念的内涵和外延问题是概念理论中最基本的问题,理解和掌握好内涵和外延的理论,是明确表达概念的关键。

哈佛逻辑精点

有一天晚上,哈佛大学一个女生宿舍有小偷作案。一个女同学连忙打电话给学校警卫部门和该系的男同学,告诉他们:一个穿着黑衣服的小偷刚刚跳窗逃走,应该没跑出多远,赶快来抓。

几名反应快的男同学转眼间已经来到女生宿舍楼下,突然听到有人大喊“抓贼啊!”又发现叫喊者也穿着黑衣服,他们转念一想,此人也许正在玩弄惯用的“贼喊捉贼”的伎俩。于是,几个人用眼神交流了一下,便蜂拥而上,将那个黑衣人按倒。

有同学说:“你还装什么蒜!刚才女生来电话说小偷是穿黑衣服的,你穿的正是黑衣服,这还不明白吗?”被抓的人不禁哈哈大笑,气喘吁吁地解释道:“误会,一场误会,我是学校的保安理查德,也是听了女生的电话赶来抓小偷的。”听了理查德的解释,同学们看他果然有些面熟,大家也禁不住笑了起来。怎么会把好人当成小偷呢?原因在哪里?

提示:小偷穿着黑衣服不等于穿黑衣服的就是小偷。

卖好关子，不丢面子

有一个棋迷到处找人过招，但他的棋术并不高明。一次，他遇到了一位高手，连下了三盘棋，他都输了。别人问他胜负如何，他不愿意说出自己连输三盘的惨败结局，便卖关子说："第一盘我没赢；第二盘他没输；第三盘本来可以和，可他又不肯和。"

这三句话没有一句直截了当说自己输了棋，可是又都包含着输的可能。这种说法使人无法肯定他是否连输三盘，也就保住了说话者的面子。为什么这位棋迷能用这种拐弯抹角的话掩饰自己的惨败呢？从逻辑上分析，就是他利用概念关系中的反对关系，故意作出一种不确定的表述，从而掩盖了连输三盘的结局。那么，什么是概念的关系？概念间有哪些关系呢？

逻辑学上讲概念的关系，不是指概念具体内容之间的关系，如哲学中的"物质"与"精神"的关系、物理学中"电"与"磁"的关系等都是讲内容关系。逻辑学则是把概念作为思维形式，主要从外延方面来研究概念间的关系。根据概念外延间的关系可分为相容关系和不相容关系两大类。

相容关系是指两个概念外延至少有部分重合的关系，具体可分为三种。

1. 同一关系：两个概念内涵不同、外延完全重合的关系，如"科南特"和"哈佛大学第23任校长"、"等边三角形"和"等角三角形"等。概念的"同一关系"与不同词语表达"同一概念"不同，前者是指两个内涵不同而外延相同的概念，如"美国首都"与"华盛顿哥伦比亚特区"，其内涵不同，而外延相同。后者是指用不同的词语表达内涵和外延完全相同的概念，如"母亲"和"妈妈"，只是词语不同，其含义和范围都是相同的。因此，不要把“同一关系”与“同一概念”混为一谈。

掌握同一关系，可以对同一对象从不同方面反映它的内涵，揭示对象的多种性质，并使语言表达丰富多彩。例如，“迈克，这个年仅7岁就失去父母的孤儿，现在是莉莎阿姨身边唯一的孩子，也是桑迪小学二年级学生中年纪最小的。”句中，“迈克”“这个年仅7岁就失去父母的孤儿”“莉莎阿姨身边唯一的孩子”“桑迪小学二年级学生中年纪最小的”是四个内涵不同、外延相同的具有同一关系的概念，分别从四个方面介绍迈克的情况，语言表达比较丰富、生动。

2. 属种关系：两个概念间，一个概念包含在另一个概念的外延中，并只构成它的一部分。外延大的叫“属概念”，外延小的叫“种概念”。例如，“交通工具”与“汽车”、“水果”与“香蕉”都是属种关系。弄清概念的属种关系对明确概念是相当重要的。首先，具有属种关系的概念一般不应并列使用，如“这家商店出售蔬菜、西红柿、鱼、羊肉等”，句中的“蔬菜”与“西红柿”是属种关系，并列使用就会使人认为“蔬菜”中不包括“西红柿”，实际上西红柿属于蔬菜。

其次，要注意避免犯“以属代种，外延过宽”的逻辑毛病。比如，“爱迪生发明了灯”，句中的“灯”外延过宽，包括了所有能够发光照明的灯，显然表达不确切，应当用它的种概念“电灯”。

3. 交叉关系：两概念间的外延有部分重合关系。例如，“青年”与“大学生”、“医生”与“妇女”等。交叉关系概念一般也不应并列使用，如有人报道：“参加马拉松的选手有青年、学生、专业运动员和体育爱好者。”其中“青年”“学生”“专业运动员”“体育爱好者”都是交叉关系，把这几个概念并列使用，造成了概念混乱。

不相容的关系是指两个概念的外延完全没有重合部分的关系，它包括两种。

1. 矛盾关系，如“潮流”这个属概念下的“主流”和“非主流”两个种概念之间则为矛盾关系。又如，在“行为”这个属概念下的“正常行为”和“不正常行为”两个种概念之间为矛盾关系。

2. 反对关系，如在“颜色”这个属概念下面“白色”与“黑色”两个种概念之间则为反对关系。又如，在“气温”这个属概念下面的“寒冷”与“炎热”两种概念之间为反对关系。反对关系的特点是两个概念之外存在着第三种可能，不能构成非此即彼的关系，如“颜色”中的任何一种颜色，不是“白色”并不一定是“黑色”，还有可能是“蓝色”和“黄色”等。

由此可见，区分矛盾关系和反对关系的关键是看有没有第三种概念的存在。例如，“比赛的结局”这个属概念下面，有输、赢两种结局的情况，也有输、赢、和（平局）三种结局的情况，第一种情况下输、赢为矛盾关系，第二种情况下输、赢为反对关系。

开始我们讲的那个棋迷正是在有三种结局的情况下，用“我没赢”（包括输与和两种可能）、“他没输”（包括赢与和两种可能）、“他不和”（包括输与赢两种可能）的巧言掩饰了自己的失败。如果只有输和赢两种结局的情况，那么他怎么卖关子也无法掩饰自己的惨败。

哈佛逻辑精点

汤姆和迪克同解一道数学题，结果两人的答案不一样。汤姆说：“或者是你做错了，或者是我做错了。”旁边的同学看了迪克的答案后，发现与正确答案不一致。汤姆听到有人说迪克的答案不对，就蛮有把握地对迪克说：“既然你做错了，那么我一定做对了。”请问汤姆真的做对了吗？

提示：“或者你错了”与“或者我错了”并不是不相容的关系。

居里夫人也是居家好手

一天，几个哈佛女学生在一起讨论人生，其中一个人提了这样一个问题："在居里夫人和贤妻良母之间，你们选择哪一个？"这里的"居里夫人"当然是科学家的代名词，在她们看来，科学家和贤妻良母是不相容的。其实，这两个概念并不排斥，一位杰出的女性完全可以既做科学家又做贤妻良母。就拿居里夫人来说，她是举世闻名的科学家，同时也是当之无愧的贤妻良母。

据《居里夫人传》所载："玛丽（即居里夫人）心里没有想过，她必须在家庭生活和科学事业之间作选择；她决心要把恋爱婚姻、家庭责任、科学研究三者一起应付，不肯忽略任何一种。""玛丽起得很早，先到菜市去；晚上倚在皮埃尔（即居里）的臂膀上从学校出来，一同到杂货店和牛奶店去买东西，然后回家。""她练习做炸鸡和油煎马铃薯，很尽职地给皮埃尔预备好美味多样的食物。""在一本灰布封面的学校笔记上，这个年轻的母亲每天记载小齐瑞娜（居里夫人的女儿）的体重、她的食物和乳齿生长的情况。"由此可见，把居里夫人和贤妻良母对立起来是不合逻辑的。

概念的相容或不相容，是在概念之间的关系上所作的基本区分。相容的概念，其外延有相同的部分，可以用于同一个对象；不相容的概念，其外延没有相同的部分，不能用于同一个对象。相容的关系和不相容的关系各自包含着几种不同的情况，这是对相容关系和不相容关系作进一步区分的问题，而我们首先要区分的是相容和不相容。既不要把不相容关系当作相容关系，也不要把相容关系当作不相容关系。我们再来看一个哈佛大学法学课上经常被提到的案例。

马萨诸塞州有个叫凯尔文的中年男子，他与妻子结婚已经六年，对婚姻失去新鲜感的他又结识了一个叫安吉拉的未婚女人，两人经常在外偷情，不久这个女人便怀上了孩子。于是，凯尔文不得不在妻子和安吉拉之间作出选择，但他并没有想过向妻子提出离婚，而是萌生了一个可怕的念头，毒死妻子，然后便可以光明正大地与安吉拉生活在一起。

于是，在一天夜里，他在妻子的水杯里放了剧毒，待妻子喝下后，他便躲在一旁观察。不久，毒性发作，见妻子口吐白沫且浑身抽搐，凯尔文忽然良心发现，急忙抱着妻子奔向医院。经过抢救，妻子虽然挽回了性命，却落下了一些后遗症。

妻子得知真相后，决定起诉凯尔文，法官认定凯尔文犯了故意杀人罪。凯尔文的辩护律师却认为不应该定为故意杀人罪，而属于犯罪中止。显然，这位律师认为，“故意杀人”和“犯罪中止”是两个不相容的概念。其实，这两个概念是相容的。一个犯罪行为，可以既是故意杀人，又是犯罪中止；就其罪名而言是故意杀人，就其犯罪行为的阶段而言则是犯罪中止。辩护律师把相容关系当作不相容关系，这显然不合逻辑。

另外，把不相容关系当作相容关系，也是不合逻辑的。比如，在对一个音乐人的介绍中说道：“他一方面广泛深入地学习二胡、琵琶、笛子等东方音乐，另一方面不遗余力地学习钢琴、小提琴、和声、作曲等西方音乐。”这句话问题很多，主要问题是把形形色色的乐器和音乐这两个不相容的概念当作相容的。例如，句中提到了二胡、琵琶、笛子、钢琴、小提琴等乐器，虽然音乐离不开乐器，但是音乐和乐器这两个概念的外延没有相同的部分，是不相容的，把它们当作相容关系对待是错误的。

哈佛逻辑精点

古罗马有个聪明的女孩，任何问题都难不倒她，皇帝听说后，很不服气，打算出个问题难倒她。于是，皇帝骑着马来到女孩的门前，女孩听说皇帝来了，急忙出门迎接。只见皇帝两只脚踩着马镫直挺挺地站在马上，朝着女孩问道："你说我是上马，还是下马？"

女孩没有马上回答，心想：我如果回答上马，皇帝就会下马；如果回答下马，皇帝就会上马，都算没答对。即使回答上马或下马，皇帝还可以继续踩着马镫站在马上，既不下马也不上马。女孩知道这是皇帝故意刁难自己，因此不能正面回答这个问题。正当皇帝沾沾自喜的时候，女孩不慌不忙地走到门口，一只脚跨在门槛上，反问皇帝一个问题，皇帝听了也不知如何回答。请问她问了什么问题？

提示：明知怎么答都是错，不如将同样的问题抛给对方。

先分好类再去分配

爸爸让3岁的萝拉分8个苹果，要求她把2个最大的分给爸爸，再把2个最红的分给妈妈，然后把2个最圆的分给姐姐，剩下2个留给自己。萝拉眼珠一转，很快便拣了2个最大的苹果递给爸爸。接着又找最红的，她找到了2个最红的刚要递给妈妈，可是发现刚才递给爸爸的2个苹果中有1个更红，于是她就从爸爸那里要回1个给了妈妈。接着她又去挑最圆的，可是剩下的几个都不圆，萝拉发现刚才递给妈妈的苹果有1个很圆，而爸爸那儿剩下的1个比较圆，于是她又向爸爸、妈妈分别要了1个递给姐姐。最后一看，自己剩下5个苹果，而爸爸1个也没有分到，妈妈只有1个，只有姐姐分到了2个。萝拉皱着眉头不知道怎么分这8个苹果才好。

为什么生活中这样一个简单的问题对于萝拉来说却如此难解呢？后来，爸爸告诉萝拉："当你把2个最大的分给爸爸后，就不能再从8个苹果里去找最红的了，而应在剩下的6个苹果里去找。当把2个最红的分给妈妈后，就要从剩下的4个苹果里去找最圆的。最后剩下的2个就是你自己的，这样就能按照要求每人分到2个苹果。"果然，萝拉按照爸爸说的办法终于完成了这次分苹果的任务。

这段趣事属于逻辑划分的范畴，萝拉不懂得划分规则，对8个苹果根据几个不同的标准同时作出划分是不可能实现的。而爸爸开始也没有向她交代方法，所以本来很简单的问题却成了难题。

逻辑划分是揭示概念外延的逻辑方法，也就是把一个大类分为若干小类，或者说把一个属概念划分为若干种概念。例如，三角形划分为直角三角形、锐角三角形和钝角三角形三种；句子划分为陈述句、祈使句、感叹句、疑问句四种类型。把一个外延较大的属概念分为若干外延较小的种概念，这就是逻辑划分。

划分不同于分解，分解是把整体分为若干部分，整体与部分的关系不同于属与种的关系。在属与种的关系中，种概念必然具有属概念的属性。而在整体与部分关系中，部分不具有整体的特性。例如，人体可以划分为头、颈、躯干、四肢四个部分；细胞是由细胞核、细胞膜、细胞质、细胞壁组成。把一个整体分解为各个部分，每个部分不具有整体的属性，"细胞核"不是"细胞"，"头"也不是"人体"，因此不属于划分。

划分结构包括三个部分：1. 母项，即被揭示外延的概念，如前面例子中的三角形、句子都是划分的母项。2. 子项，即从母项中划分出的概念，如前面例子中把三角形作为母项，划分出的直角三角形、锐角三角形和钝角三角形都是子项。3. 划分的根据，即作为划分标准的依据，如把句子分为陈述句、祈使句、感叹句、疑问句四种类型，是按照语气来划分的，语气就是划分句子的根据。

逻辑划分的方法主要有以下几种。

1. 一次划分法，指对母项作一次划分，主要采用二分法，即根据对象有无某种属性把母项划分为互相矛盾的两个子项。例如，成绩分为及格和不及格；化学分为有机化学和无机化学等。二分法有特殊的应用意义，是一种常用的渐变划分方法。当需要对一大类事物作一概括性划分时，即可应用二分法。

2. 连续划分法，指把由母项划分出的子项，再作为母项继续划分下去，直至满足需要为止。例如，生物的分类体系依次为：界—门—纲—目—科—属—种。凡是两次或两次以上的划分都属于连续划分。

划分必须遵守以下规则：

1. 划分必须相应相称，即子项外延之和等于母项的外延。违反这条规则的错误有两种情况：一是子项外延之和小于母项外延，叫作“划分不全”；二是子项外延之和大于母项外延，叫作“多出子项”。例如，平行四边形分为矩形和正方形两类，这个逻辑划分的错误就是子项不全，缺少“菱形”子项；文学体裁可分为诗歌、小说、戏剧、散文、音乐、绘画等，这个逻辑划分的错误在于多出了子项，其中“音乐”和“绘画”不属于文学体裁。

2. 划分出的子项必须互相排斥，即子项外延之间必须是不相容关系。违反这条规则的逻辑错误叫作“子项相容”。例如，家用电器可分为电冰箱、洗衣机、电视机、液晶电视、空调等。其中，“电视机”和“液晶电视”为属种关系，犯了“子项相容”的错误。

3. 划分的根据必须同一，即每次划分只能有一个根据，不能在一次划分中使用不同的根据。违反这条规则叫作“混淆根据”的逻辑错误。例如，小说可分为古代小说、长篇小说、现代小说、外国小说等。这实际上是同时以三种不同的标准——时代、篇幅、国别对小说作出一次划分，犯了“混淆根据”的错误。逻辑划分也不是绝对的，对同一类对象可从不同的角度进行划分，只要保证根据的同一性即可。

哈佛逻辑精点

请指出下面的划分违反了什么规则，犯了什么逻辑错误。

1. 近亲属包括夫、妻、父、母、祖母、祖父、子、女、同胞兄弟姐妹。

2. 这次青年歌手大奖赛获奖的歌手有专业的、业余的，还有不少军旅歌手。

提示：考虑子项与母项的关系、子项之间的关系。

什么书都是进步的阶梯吗?

米勒很爱读书，但他涉猎广泛，从不加选择，一些充满暴力色彩的书也是他喜爱的读物。老师发现后，劝他不要看这些对自己没有帮助甚至有不良影响的书，可米勒振振有词，还理直气壮地说：“高尔基说过：‘书籍是人类进步的阶梯。’这些书为什么不能看？”米勒的说法显然是不正确的，其症结在于把集合概念“书籍”误认为是非集合概念。

容易和集合概念混淆的是非集合的普遍概念。普遍概念反映一类事物，适用于该类事物中的任何一个分子，因为一类事物中的每一个分子都具有该类事物共同的属性。例如，“笔”就是一个普遍概念，它所反映的是被称为“笔”的这一类事物，它适用于这类事物中的任何一个分子——每一支笔，因为每一支笔都具有“笔”这类事物共同的属性——写字画图的用具。

集合概念与此不同，它反映一类事物集合而成的整体。它只适用于整体，不适用于组成整体的每一个个体，因为个体不一定具有整体所具有的属性。“书籍”就是一个集合概念，它反映中外古今所有的书集合而成的整体。一本书不能成为“书籍”。“人类进步的阶梯”，是对所有的书集合而成的整体而言，至于一本书，就不一定具有这种属性，那些内容导向有问题的坏书，其作用恰恰相反，不是引导人们进步，反而引导人们堕落。

所以，一定要把集合概念和普遍概念严格地区分开来，不可把集合概念误作普遍概念。教育家米哈伊尔·伊凡诺维奇·加里宁曾说：“教师是人类灵魂的工程师。”这里的“教师”就是一个集合概念，如果误认为普遍概念，以为每一位教师都是人类灵魂的工程师，那就错了。

由于同一个词语在不同的语境中，既可以用来表达集合概念，也可以用来表达普遍概念，因此容易产生混淆概念的错误。这种情况相当多，并不是个别的。有的人利用这种情况进行错误的推理，而缺乏逻辑修养的人往往不能发现其错误所在。比如，哈佛大学荣誉硕士、科学家本杰明·富兰克林曾说过：“时间就是金钱。”由此推理，你占用了我的一分钟时间，你就应该为此向我付出一定的金钱补偿。富兰克林所说的“时间”是集合概念，而我们的每一分钟时间则是普遍概念，这个推理把两个概念混为一谈，是不能成立的。事实上，有些人大多数时间里都在做无意义的事情，根本无法转化为财富。

最后，要说明一点，上文多处把集合概念和普遍概念并提，只是为了便于从避免混淆概念的角度提出问题和解决问题，并不意味着它们是对称的。事实上，正如本文开头所指出的，集合概念是与非集合概念对称的，而普遍概念则是和单独概念对称的。

哈佛逻辑精点

有位学生问他的老师："我时常梦到自己已经当上教授了。老师，我要怎样做才能使梦想变成现实？"老师回答："少睡觉。"请问，老师与学生的对话是不是所答非所问？老师是否犯了偷换概念的逻辑错误？

提示：少睡觉有两层含义，不仅意味着少做梦，还暗示这位学生要多学习。

Lesson 3

恰当判断：一语成就聪明人

判断是对客观事物情况的断定，是用肯定或否定的形式反映周围现实的一种思维形式。事物的情况多种多样，因此判断也是多种多样的。根据判断中是否含有模态词（可能、必然等）把判断分为模态判断和非模态判断；根据判断中是否包含其他判断，将其分为简单判断和复合判断。简单判断又可分为性质判断和关系判断，复合判断又可分为联言判断、选言判断、假言判断等。下面的学习中，我们将详细介绍各种判断。

看似肯定的否定，大有内涵

世界著名绘画大师毕加索毕生反对侵略战争。第二次世界大战期间，德军入侵法国后，一些德国官兵经常出入巴黎的毕加索艺术馆。有一次，在艺术馆的出口，毕加索发给每个德国军人一幅他的名画《格尔尼卡》的复制品，这幅画描绘了西班牙城市格尔尼卡遭德军飞机轰炸后的惨状。一个德国盖世太保头目指着画问毕加索："这是您的杰作吗？"

毕加索严厉地说："不，这是你们的杰作！"毕加索这句话，表达了他对德国法西斯强烈的愤恨和谴责。盖世太保问的是画，毕加索回答的却是画面上的事实。话虽简短，但显得十分有力。

毕加索的回答，从语言表达上看，是一个否定词和一个感叹句；从逻辑上分析，包含一个否定判断和一个肯定判断。所谓判断，就是对思维对象有所断定的思维形式。人们的思维活动不能仅限于形成概念，还必须把概念联结起来构成判断，才能反映出事物之间的各种联系，对事物的情况作出各种陈述。判断有两个特征：一是有所断定，即肯定或否定；二是必有真假，一个判断或者是真的，或者是假的。如果判断中所判定的情况与事实相符，就是真判断；如果判断中断定的情况与事实不符，就是假判断。例如，"哈佛大学在美国""比尔·拉塞尔曾就读于哈佛大学"，前一个判断与事实相符，是真判断；后一个判断与事实不符，是假判断。真判断对人类的认识有重要价值，任何一门科学的理论都是由一系列真判断构成的。

判断语言形式是有明确断定的语句。判断和语句的关系有以下几点：

1. 判断要通过语句来表达，但不是所有语句都表达判断。按照句子的四种类型分别来看：

陈述句是表达判断的，如“他是一个篮球运动员”“大西洋不是世界最大的洋”等。因为陈述句都是对主语有所陈述的句子，无论是肯定的陈述，还是否定的陈述，都表达判断。

感叹句有两种情况，一种是句中表达了明确的断定，如“这花真美啊！”“反恐怖战争一定会取得胜利！”都表达了明确的断定，所以是表达判断的句子；另一种感叹句中没有明确断定，如“好！”“先生！”等独词句，都没有明确的断定，不表达判断。

祈使句也有两种情况，一种是句中表达了明确的断定，如“公共场所，禁止吸烟”“此路不通”等，表达了明确的断定；另一种是句中没有明确断定，如“请把门关上”“请您原谅”等，句中表达的某种请求只是说话人的一种愿望，对方是否把门关上、对方是否能够原谅都是无法确定的，因此不表达判断。

疑问句不表达判断。例如，“什么是逻辑学？”“这本书是谁写的？”“你花了多少钱？”等疑问句，都是有疑而问，不表达判断。但是，反问句却不同，如“难道我说的不对吗？”实际是加重语气表达“我说的对”；“你这不是欺负人吗？”实际上是加重语气表达“你就是在欺负人”，这类反问句都是无疑而问，实际是强调表达正面的意思。因此，反问句都有明确的断定，是表达判断的语句。

在实际语言交流中，一个表达判断的语句，往往在一定的语境条件下有所省略，如毕加索回答盖世太保头目的问话时，开始只说了一个“不”字，实际上所表达的是“这不是我的杰作”，给对方以否定的回答，这里毕加索是有意把对方所指的“杰作”改变为画中所表现的事实，然后加以否定，接着就表达了一个非常明确的肯定——“这是你们的杰作”，表达了画家对法西斯暴行的谴责。

2. 同一判断可以表达为不同的语句。这主要表现在两个方面：一是在不同国家、不同民族间，同一判断表达为不同的语言；二是同一语言中，同一判断可表达为不同的句型。例如，一切物体都是运动的，可以表达为没有物体不是运动的，还可以表达为难道有不运动的物体吗？

3. 同一语句也可以表达不同的判断。主要表现为两种情况：一种情况是由词的多义性造成。例如，在大楼的门外，一边站着一个警察。可以理解成两边各站着一个警察，也可以理解成只有一边站着一个警察，而另一边没有。另一种情况是由于语言层次不同造成两种断定。例如，我们一块儿去看望了患病的老师的父亲。这句话可以有两种不同层次的理解：一是“患病的老师”，二是“患病的老师的父亲”，因此全句包含两种断定。必须指出的是，同一语句表达不同判断，实际是包含歧义的句子。在语言表达中，应该避免判断歧义，办法是避免使用多义的词或词组，或者明确语言环境。

哈佛逻辑精点

一天凌晨3点30分，大侦探福尔摩斯接到警局的电话，称发生一起命案，要他先去现场查勘。福尔摩斯立刻出了门，由于外面寒风凛冽，还有厚厚的积雪，30分钟后他才到达现场。命案发生在一户人家，穿着单薄睡衣的女主人向他描述：“我叫爱丽斯，我和丈夫夜里11点多便休息了。可是当我凌晨3点20分醒来时，却发现丈夫已经停止呼吸。我意识到，他已经被人杀死。”

福尔摩斯问：“那你后来干了什么？”

“我立即打电话报警，那时我还看见卧室的窗户大开着。”她用手指着那扇还开着的窗户，猛烈的寒风吹得她连打了几个喷嚏。爱丽斯一边去关窗户，一边说："凶手一定是从窗户进来，然后又从窗户出去的。你现在是不是应该验尸了？"

福尔摩斯摇了摇头说："等一会儿法医来了再验尸吧！不过在他们到达这里之前，你或许乐意把真相告诉我！"福尔摩斯为什么要这样说？他的根据是什么？

提示：爱丽斯声称凶手是从窗户进来的，那么窗户打开至少超过30分钟，她却一直穿着单薄的睡衣，显然与常理不符。

不同的说法，不同的境遇

有一天，皇帝梦见一个人把他的牙都拔光了。皇帝问周围的大臣，谁能解这个梦。丞相解释道："这个梦预示着陛下全家将比陛下先死。"皇帝听后大怒，要对丞相处以极刑。这时正赶上阿凡提进宫，皇帝就让阿凡提解梦。阿凡提说："陛下将比您所有的家属长寿。"皇帝听后非常高兴，立刻赠给阿凡提一件棉袍。

这个故事中，阿凡提和丞相都只说了一句话，说法虽然不同，但实际表达的意思完全一致。结果是丞相要被处死，阿凡提却得到了一件棉袍。从逻辑上分析，这两句话都是表达了关系判断，只是阿凡提巧妙地用另一个关系判断代替了丞相使用的关系判断。

所谓关系判断，就是断定事物与事物之间关系的判断。例如，"1分钟等于60秒""6大于4""我认识你"等，都属于关系判断。

关系判断由三部分组成：

1. 关系项，即承担一定关系的对象，如上例中的"1分钟"和"60秒"、

“6”和“4”、“我”和“你”等。关系项可以是两个，也可以是三个或三个以上，如美国在太平洋与大西洋之间，其中包含“美国”“太平洋”“大西洋”三个关系项。在两项关系中，前边的叫“关系前项”，后边的叫“关系后项”。在多项关系中，按次序分别叫作第一关系项、第二关系项、第三关系项。

2. 关系，即存在于关系项之间的某种联系，由关系词来表示。如上例中的“等于”“大于”“认识”等都是关系词，表示着某种关系。

3. 关系量项，即表示关系项数量的概念，也分为单称、特称、全称。单称、全称皆可省略，特称不能省略，如“有些同学比我高”，其中“同学”“我”是关系项，“……比……高”是关系词，“有些”是关系量项。

以a、b表示关系项，以R表示关系，关系判断的公式为：a R b或R（a、b）。凡是两项的关系判断，都可以用这个公式表示。

客观事物之间的关系是很复杂的，因而构成关系判断的种类也是很多的。首先应当了解“关系”的性质，然后才能根据其关系性质形成真的关系判断，进而构成正确的关系推理。客观事物之间的关系性质多种多样，我们这里主要介绍两种常见的关系性质——对称性和传递性。

1. 关系的对称性，分为三种：对称关系、反对称关系、非对称关系。

在对称关系中，a与b有R关系，b与a也有R关系，则R为对称关系。例如，“汤姆与迪克是同学”，“汤姆”与“迪克”有“同学”关系，同时“迪克”与“汤姆”也有“同学”关系，则“……与……是同学”这个关系词所表示的关系为对称关系。表示对称关系的词还有“等于”“相同”“相似”“同盟”“邻居”等。

在反对称关系中，a与b有R关系，但b与a没有R关系，则R为反对称关系。例如，“哈佛大学橄榄球队打败斯坦福大学橄榄球队”，其中，“哈佛大学橄榄球队”对“斯坦福大学橄榄球队”有“打败”关系，而“斯坦福大学橄榄球队”对“哈佛大学橄榄球队”没有“打败”关系，则“打败”这个关系词所表示的关系为反对称关系。表示反对称关系的词还有“大于”“小于”“在前”“在后”“输”“赢”等。开头讲到阿凡提给皇帝解梦的故事，阿凡提正是利用了关系判断“陛下全家将比陛下先死”中“……比……先死”的反对称关系，推出“陛下将比您所有的家属长寿”。

在非对称关系中，a 与 b 有 R 关系，b 与 a 可以有 R 关系也可以没有，则 R 为非对称关系。例如，“我相信你”，“我”对“你”有“相信”关系，“你”对“我”可能“相信”，也可能“不相信”，则“相信”这个关系词所表示的关系为非对称关系。表示非对称关系的关系词还有“认识”“喜欢”等。

2. 关系的传递性，分为三种：传递关系、反传递关系、非传递关系。

在传递关系中，a 与 b 有 R 关系，b 与 c 有 R 关系，a 与 c 也有 R 关系，则 R 为传递关系。例如，“汤姆比迪克大，迪克比哈利大，则汤姆比哈利大”，其中，“……比……大”这个关系词则具有传递性。具有传递关系的词还有“大于”“小于”“在前”“在后”“相等”等。

在反传递关系中，a 与 b 有 R 关系，b 与 c 有 R 关系，而 a 与 c 没有 R 关系，则 R 为反传递关系。例如，“汤姆比迪克大 1 岁，迪克比哈利大 1 岁，则汤姆不比哈利大 1 岁”。其中，“……比……大 1 岁”这个关系词具有反传递性。另外，类似“……是……的父亲”“……比……便宜 1 元”等，都是具有反传递关系的词。

在非传递关系中，a 与 b 有 R 关系，b 与 c 有 R 关系，a 与 c 可能有 R 关系也可能没有，则 R 为非传递关系。例如，“我认识你，你认识他，则我未必认识他”，其中，“认识”这个关系词则有非传递性。具有非传递关系的词还有“信任”“批评”“关心”等。

哈佛逻辑精点

当爱因斯坦还是一个“无名小卒”的时候，有一次他在大街上遇到一个朋友。见爱因斯坦衣着破旧，朋友便问道：“你怎么穿得这么寒酸？”爱因斯坦笑了笑，回答说：“反正这里也没有人认识我。”

几年后，爱因斯坦因创立“相对论”学说而成为举世瞩目的“大人物”。一天，在纽约街头，他又碰到了这位朋友。朋友看见爱因斯坦，惊奇地问道：“你怎么还穿得这么寒酸？”爱因斯坦毫不在意地说道：“反正这里的人都认识我！”请问，爱因斯坦在不同时期说的两句话能否调换位置。

提示：如果互换位置，那么想要表达的意思就大相径庭了。

听出一句话的两层含义

古希腊哲学家亚里士多德是一位非常博学的人，他 17 岁时便被父亲送到大哲学家柏拉图门下学习。亚里士多德很善于独立思考，他虽然很尊敬老师，但对老师的一些观点并不十分赞同。他曾说：“吾爱吾师，吾尤爱真理。”这句话后来被世人广为传诵，成为一句名言。从逻辑上分析，这句话表达了一个联言判断。

所谓联言判断，就是断定几种情况同时存在的判断。例如，“本杰明 · 富兰克林是伟大的科学家，并且，本杰明 · 富兰克林是伟大的政治家。”这就是一个联言判断，其中同时断定了本杰明 · 富兰克林既是伟大的科学家，又是伟大的政治家。亚里士多德的名言“吾爱吾师，吾尤爱真理”同时断定了亚里士多德“爱吾师”和“尤爱真理”的两种情况，因此是联言判断。

联言判断不同于性质判断和关系判断，这两种判断都是由一个判断构成，本身并没有包含第二个判断，因此叫作“简单判断”。联言判断不是由一个判断构成，而是包含着其他的判断（数量不限），因此叫作“复合判断”。复合判断中的每个简单判断叫作“支判断”。这种复合判断还有选言判断、假言判断等。

联言判断由两部分组成：

1. 联言支，组成联言判断的支判断。例如，上例中“本杰明 · 富兰克林是伟大的科学家”和“本杰明 · 富兰克林是伟大的政治家”都是联言支。一个联言判断中的联言支可以是两个，也可以是三个或三个以上。逻辑上以小写的“p、q、r……”表示支判断。

2. 联结项，联结联言支的联结词。例如，“并且”“和”“既……又……”等，如上例中用“并且”联结“本杰明 · 富兰克林是伟大的科学家”和“本杰明 · 富兰克林是伟大的政治家”。联言判断的逻辑性质是由联结项来决定的。联结项的语言形式是多种多样的，为了避免自然语言的多义性，逻辑采用一些形式符号来表示，表示联言判断的联结项符号是“∧”（合取号）。这样就可以把联言判断的公式写成：p 并且 q 或 $p \wedge q$。

一个联言判断的真假要取决于它的各个联言支是否同时都是真的，由此可以总结出两条规则：1. 联言支都真，则联言判断真。2. 联言支只要有一个假，则联言判断假。

联言判断的语言表达形式只有三种类型：

1. 并列复句，如“他有丰富的文学知识，并且有丰富的历史知识”。

2. 递进复句，如“他不但参加了考试，而且得了满分”。

3. 转折复句，如“盖茨虽然在哈佛读书期间中途退学，但他在那里学到了很多”。

以上三种复句形式，虽然使用的联结词不同，各有其特殊的表达意义，但都具有同时断定两种情况的逻辑意义，所以都属于联言判断的类型。

表达联言判断的语句常常省略主项、谓项或联结词。比如，“亨利·梭罗是毕业于哈佛大学的著名作家，也是哲学家。”第二个判断省略了主项“亨利·梭罗”。再如，“《论自然》是拉尔夫·爱默生的作品，《英国人的性格》也是。”第二个判断省略了谓项“拉尔夫·爱默生的作品”。又如，“美国前总统杰拉尔德·福特在学生时代，品学兼优，从不骄傲，关心同学，帮助同学，威信很高。”这里有五个联言支，但都省略了联结项。

联言判断也可由联合主语或联合谓语的单句表达。例如，“富兰克林·罗斯福和约翰·肯尼迪都曾就读于哈佛大学。”这是一个联合主语的单句；“林肯是一个崇高的人，一个伟大的人。”这是一个联合谓语的单句。

联言判断在人们思维过程中的作用，主要是把一些同时存在的情况结合起来进行反映，获得综合性认识。例如，认为某人“不但会写，而且会说”，就是对某人同时存在的两种情况结合起来进行反映的过程。形成一个联言判断，表达出来的语言形式就是一个递进复句。

运用联言判断也容易出现错误，主要有以下几种情况：

1. 联言判断中包含假判断。例如，“迈克尔教授与一位作家的女儿结婚，并且怀了孕，很多同事都不知道。”这是一个并列谓项“与一位作家的女儿结婚，并且怀了孕”的联言判断。很明显，迈克尔教授不会怀孕，因此整个联言判断是虚假的。

2. 联言判断中主项与谓项不对应。例如，“他舍己救人的精神，他那伟大的形象，永远屹立，发出闪耀的光芒。”这是一个由联合主项和联合谓项构成的联言判断，但是，其中的主项“他舍己救人的精神”与谓项“永远屹立”搭配不当。

3. 联言判断中联言支的顺序，按逻辑形式来看，其先后与逻辑值无关，但在日常表达中要注意表达的语序。例如，“我们要认真实践和学习会议的内容。”按照实际情况，应当是“学习”在先，“实践”在后，表达才准确、恰当。有时候改变一下语序，会出现完全不同的意思。比如，某位将军率兵远征，但是他屡打败仗，当他准备把“屡战屡败”的实际情况汇报给皇帝时，一个同僚建议改为“屡败屡战”，这一改，虽然仍是对同一种情况的断定，但是意思大不一样。

哈佛逻辑精点

一位女士走进一家金饰品店，店员马上笑着迎上前去，问道：“您好，请问有什么能够帮助您的？本店正在举办周年店庆活动，金项链买两条便可享受 5 折优惠。”女士很高兴，便随手拿了一条金项链，戴在脖子上照了照镜子，觉得很满意后便转身要离开。店员赶紧拦住了她，一脸疑惑地问道：“女士，您还没有付款呢！”这位女士慢条斯理地说：“不是说好了，金项链买两条便可享受 5 折优惠吗？现在，我只是拿了那优惠了的一半。”请问，这位女士的说法有错误吗？

提示：联言判断中，前面的联言支是前提条件，如果前一个联言支不存在，那么后一个联言支必然失真。

做判断题的窍门

相传古代斯巴达人作战非常勇猛，并且非常珍视作战用的盾牌。如果谁在作战中失去了盾牌，那就是莫大的耻辱。战士无论是生还还是战死，都要与盾牌同在。当时有一位母亲在送别儿子出征时，给儿子的临别赠言就是“要么带着盾牌回来，要么躺在盾牌上被抬着回来”。这句话一直流传下来，成为斯巴达人勇敢的象征。

从逻辑上分析，这句话表达了一个选言判断。所谓选言判断，就是断定几种可能情况的判断。例如，“琳达或者是纽约人，或者是亚特兰大人。”“造成这次事故的原因，可能是设备问题，也可能是操作问题。”都是判定两种可能情况的选言判断。

选言判断也是一种复合判断，它是由选言支和联结项两部分组成。

1. 选言支：组成选言判断的支判断。例如，上例中的“琳达是纽约人”和“琳达是亚特兰大人”,“造成这次事故的原因是设备问题”和“造成这次事故的原因是操作问题”,都是选言支。选言支的数量可以是两个，也可以是三个或三个以上。

2. 联结项：联结选言支的联结词。例如，“或者……或者……”“可能……可能……”“要么……要么……”“不是……就是……”等。有时也可省略，如“不及格的人数大约占总人数的百分之一、二、三”，实际表达的是“或一、或二、或三”。

选言判断根据其选言支是否相容，可分为相容选言判断和不相容选言判断两种。

相容选言判断是由相容选言支构成的选言判断，即断定至少有一个选言支为真的选言判断。例如，“吉布森或是演员，或是导演。”“今年庄稼大丰收，或是因风调雨顺，或是因肥料充足，或是因田间管理得法。”选言支至少有一支为真，则选言判断为真；选言支都为假，则选言判断为假。

不相容选言判断是由不相容选言支构成的选言判断，即断定有而且只有一个选言支为真的选言判断。例如，“照片或是黑白的，或是彩色的。”“三角形或是直角的，或是锐角的，或是钝角的。”选言支有而且只有一支为真，则选言判断为真；选言支都为真或都为假，则选言判断为假。

相容选言判断和不相容选言判断的区别，除选言支相容还是不相容外，联结项也有所不同。一般来说，“或者”既可以表达相容关系，也可以表达不相容关系，而“要么……要么……”“不是……就是……”只能用来表达不相容关系。开头的故事中那位斯巴达战士的母亲对儿子的临别赠言“要么带着盾牌回来，要么躺在盾牌上被抬着回来”，就是一个用“要么……要么……”表达的不相容选言判断。

运用选言判断容易出现的错误主要有以下几种情况：

1. 混淆联结项，误用不相容的联结词表达相容关系。例如，“他学习不好，要么是因为不用功，要么是因为基础差。”句中的选言支“因为不用功”和“因为基础差”是相容关系，却用了表达不相容关系的联结词“要么……要么……”，这样给人的印象是“不用功”和“基础差”不能相容，而事实上，一个人学习不好，可能既有“不用功”的原因，也有“基础差”的原因。

2. 遗漏选言支，一个真的选言判断至少要有一个真的选言支，如果选言支没有一个是真的，则无论是相容选言判断，还是不相容选言判断，就都是假的。因此，为了保证一个选言判断是真的，就要列举出事物的一切可能情况，叫作“穷尽选言支”。如果一个选言判断没有穷尽一切选言支，列举出的可能情况就有可能都是假的，而把唯一真实的可能情况遗漏掉。

不要遗漏选言支是为了保证得到真的选言判断，但不等于说任何一个选言支不全的选言判断都是假的。如果在选言支中已经包含真的可能情况，那么就是一个真的选言判断。例如，“去旅游景点的大巴车可能

7点开，也可能8点开。”尽管时间可以列出多种可能，但游客没有记清开车时间，而又知道这两个时间里有一个是真的，因此这个选言判断仍是真的。

哈佛逻辑精点

从前，有一只白色的小山羊，它非常聪明，又很懂礼貌。有一天，这只小山羊途经一座独木桥，当它走到一半时，对面却走来了一只黑色的小山羊。独木桥非常狭窄，仅容得下一只山羊通过，而且上面是悬崖峭壁，下面是湍急的河水。面对这些困难，聪明的小山羊会怎么办呢？让我们一起来思考一下，它们要想通过这座独木桥，会出现哪几种可能情况？

提示：正确运用选言判断，选言支就必须穷尽。

条件是作出判断的依据

1933年的一个傍晚，爱因斯坦到柏林东区哈顿街工人学校，为工人讲解科学知识。一位中年工人好奇地问：“爱因斯坦教授，听说您创立的相对论，世界上没有几个人懂得，是这样吗？”爱因斯坦缓缓地吸了口烟说：“唉，那不过是夸张的说法。”沉思片刻，他风趣地解释说：“如果你在一个漂亮姑娘身旁坐一个小时，你只觉得坐了片刻；反之，如果你坐在一个热火炉上，片刻就像一个小时。这就是相对论的意义。”在这段对话中，爱因斯坦用了两个假言判断，深入浅出地向工人讲解了相对论的含义。

所谓假言判断，是指有条件地断定某情况存在的判断。例如，“如果刮风，树叶就会动。”句中断定了“刮风”是“树叶动”的条件，因而是一个假言判断。又如，“只有加强法治，社会才能安定”。句中断定了“加强法治”是“社会安定”的一个条件，因而也是一个假言判断。

假言判断也是一种复合判断，它是由假言支和联结项组成。假言支是组成假言判断的支判断。表示条件的假言支叫作“前件”，表示依赖条件而产生的情况的假言支叫作“后件”。例如，上例中“刮风”“加强法治”都是假言判断的前件，“树叶动”“社会安定”都是假言判断的后件。联结项是联结前件和后件的联结词。例如，“如果……就……”“只有……才……”等都是表达假言判断的联结词。

假言判断根据其前件对后件的条件不同，可分为充分条件假言判断、必要条件假言判断、充分必要条件假言判断三种类型。

充分条件是指有某条件必然能产生某情况，此条件就是某情况的充分条件。充分条件的特点是：前件真，后件必真；前件假，后件可真可假。例如，“如果天下雨，地就湿。”有“天下雨”这个条件，必然产生“地湿”的情况，但“地湿”并不一定是“天下雨”所引起的。常见的联结词有“如果……就……”“只要……就……”“一旦……就……”等。

必要条件与充分条件不同，它往往是在由若干条件引起某结果的情况下，其中每一个条件就构成了必要条件，因为少了其中任何一个条件都不能产生某结果。由于产生某结果要有若干条件，因而其中每一个条件对产生某结果都不是充分条件。必要条件的特点是：前件假，后件必假；前件真，后件可真可假。例如，“申请哈佛大学奖学金的四个基本条件是：出色的成绩、出众的文体特长、突出的社会活动与领导能力、学校或名人的推荐信。”其中每一条都是获得奖学金的必要条件，而不是充分条件。没有出色的成绩，必然不能申请到奖学金，但如果仅有出色的成绩而没有其他三个条件，也无法获得奖学金。常见的联结词有“只有……才……”“必须……才……”“除非……才……”等。

充分必要条件是指某条件必然产生某情况，并且没有某条件必然不会产生某情况，某条件即为某情况的充分必要条件。充分必要条件的特点是：前件真，后件必真；前件假，后件必假。例如，“三角形等边，则三角形等角”。其中，“三角形等边”是“三角形等角”的充分必要条件，因为三角形只有等边才能等角，不等边则一定不等角。常见的联结词有“如果……而且只有……就（才）……”“当且仅当……就……”等。

哈佛逻辑精点

A和B是同学，一天，A问B：“这个星期天我去你宿舍找你下棋好吗？”

B回答说：“如果星期天天气好，我就去市中心玩。”

到了星期天，外面下起了大雨。A到B宿舍去找B，却发现B已经外出，去了市中心。晚上B回来，刚好遇见A，A责怪B食言，而B却说A的思考不合逻辑。请你评评：A的思考是不是不合逻辑？

提示：充分条件假言判断中，否定前件不能否定后件。也就是说，前件假，则后件可真可假。

恰当考虑可能性和必然性

据说，1918年秋季的一天，日本宫城县小牛田町的孝胜寺佛殿内，人们发现两颗从天而降的类似蒲公英种子的东西。当时在场的和尚把它们收藏在一个10厘米见方的梧桐盒子里，后来这个盒子就作为该寺庙的一个至宝传了下来。但奇怪的是，当有人于1977年打开这个盒子时，原来的两颗“种子”竟然增加到15颗，可是这个盒子在59年中从未被人打开过。后来，在东京也有人拾到过类似的“种子”，放在桌面上它们还会自动旋转。

对于这些“种子”，有关研究人员看法不一。日本东北大学的名誉教授永野为武认为，这是一种“不完全菌类的霉”；日本国立科学博物馆植物研究部的土井祥克则认为，这是“蓟种的冠毛”；还有一些人认为，它们可能是从外星人访问地球所乘的飞行器上散落到地球上来的地外植物。

在没有科学证实之前，人们对这些像蒲公英种子一样的不明之物只能作出可能性的推断，说“它们可能是从外星人访问地球所乘的飞行器上散落到地球上来的地外植物”，从逻辑学来说，这是一个模态判断。

“模态”这个词，起源于拉丁文，有方式、样式、形态的含义。所谓模态判断，逻辑上是指对事物情况的可能性或必然性的判断。例如，“今天可能下雨。”模态判断是由“模态项”与“模态词”两部分组成。模态判断中被断定其模态的对象叫“模态主项”，如上例中的“今天”就是模态主项。对模态主项的陈述叫“模态谓项”，如上例中的“下雨”就是模态谓项。模态词是模态判断中表示某种模态的词，如“可能”“必然”等。

模态判断根据其断定的是事物的可能性还是必然性分为两类：

1. 或然判断，包括或然肯定判断和或然否定判断。断定事物情况可能存在的判断，如“他可能考上哈佛大学”，是或然肯定判断；断定事物情况可能不存在的判断，如“他可能考不上哈佛大学”，是或然否定判断。

2. 必然判断，包括必然肯定判断和必然否定判断。断定事物情况必然存在的判断，如“社会必然要发展”，是必然肯定判断；断定事物情况必然不存在的判断，如“地球必然不是绝对静止的”，是必然否定判断。

某企业财务办公室保险柜失窃，保卫处的艾瑞克和吉斯到现场做了仔细的观察后，有下面一段对话。

艾瑞克：“根据情况，我认为这次盗窃必定是公司内部人干的。”

吉斯：“我不认为必定是内部人干的。”

艾瑞克：“那你根据什么认为必定不是内部人干的？”

吉斯：“不，你误解了我的意思，我没有说‘必定不是’，而是‘可能不是’。”

这段对话中，艾瑞克误解了吉斯的意思，是因为没有搞清模态判断中的“反对关系”和“矛盾关系”。吉斯说“我不认为必定是内部人干的”，即否认“必然是内部人干的”；而艾瑞克所说“你根据什么认为必定不是内部人干的”即认为吉斯的意思是“必然不是内部人干的”。根据反对关系，“必然P”假，不能推出“必然非P”真；根据矛盾关系，“必然P”假，那么“必然非P”为真。因此，吉斯的说法符合逻辑。

人们运用模态判断，必须符合客观的模态。客观上是可能性的事物，就不要用必然模态判断来反映；客观上是必然性的事物，一般也不要用或然模态判断来反映。否则，就是混淆模态的错误。例如，“某地区发生了干旱，今年必定减产。”这一必然判断的表达是不恰当的，因为事实上完全可能通过采取抗旱措施恢复产量，甚至增产，应该用或然判断表达。

开头我们讲到某寺庙发现从天而降的不明之物，人们认为“它们可能是从外星人访问地球所乘的飞行器上散落到地球上来的地外植物”，这就是一个符合实际的或然肯定判断。但如果有足够的证据，确凿地证明这些类似蒲公英种子的东西确实是地外飞来的植物，那时如果还用或然判断来表达就是不恰当的。

哈佛逻辑精点

学生A认为，由已知“有的科学家是自学成才的”为真，可以断定：1.“所有科学家都不是自学成才的”为假；2.“所有科学家都是自学成才的”可真可假；3.“有的科学家不是自学成才的”可真可假。学生B却持不同意见，他认为，“所有科学家都是自学成才的”是假的，“有的科学家不是自学成才的”是真的。请问，A、B两位同学谁的话有道理？为什么？

提示：个别现象并不能代表一般情况，将个别现象衍生出的结论归为事物的本质，必然不成立。

Lesson 4

逻辑推理：从因果关系中寻求理念

推理和概念、命题一样，也是人类的思维形式，但它是以概念和命题为基础的思维形式，由两个或两个以上的命题组成，即推理是一个命题序列，是由一个或几个已知命题推出另一个新命题的思维形式。推理是通过诸如“所以”这样的联结词把前面的一个或几个命题与最后一个命题联结而成。任何推理都由两部分组成：前提和结论。联结词之前的命题是前提，联结词之后的命题是结论。前提是推理所依据的命题，结论是由前提所推出的新命题。

鸡蛋都是圆的≠圆的都是鸡蛋

《伊索寓言》中有一则《狗和海螺》的寓言，内容是：有只常吃鸡蛋的狗，看见一只圆圆的海螺，以为是鸡蛋，就张大嘴巴一口吞了下去。不久，它感到肚子疼，才发觉自己吃进肚子里的不是鸡蛋，于是说道："我真是活该，竟相信凡是圆的东西都是鸡蛋。"

寓言中这只常吃鸡蛋的狗，由于看到鸡蛋都是圆的，就把一切圆的东西都当成了鸡蛋，结果把圆的海螺吞食下去，弄得自己肚子疼。从逻辑角度看，这只狗作了一个直接推理，即从"鸡蛋都是圆的"推出"一切圆的东西都是鸡蛋"，但这是一个错误的直接推理。

所谓推理，是指根据已知的判断推出一个新的判断的思维过程。在形成概念并学会判断的基础上，人们的思维活动还要进一步展开。平常我们说"让我想一想""考虑考虑"等，就是运用概念、判断进行推理的思维活动。比如，看到下了一场春雨，推理到对农作物必定有好处；听到天气预报说有空气污染，就会想到做好预防工作；医生看病根据病情作出诊断；侦察员通过周密调查得出结论；企业管理人员根据有关经济信息推断销售情况和经济效益等，都是思维中的推理过程。

推理的组成包括两部分：前提和结论。"前提"就是推理所根据的判断；"结论"就是推出的新判断。例如：

真正的企业家是具有创造精神的人，

所以，有些具有创造精神的人是真正的企业家。

这是一个正确的推理，横线以上部分是推理所根据的判断，即前提；横线以下部分是推出的新判断，即结论；横线表示前提与结论之间有推出关系。表达推理的语言形式，主要是由因果复句构成，联结词有“因为……所以……”“由于……因此……”等，有时也可省略联结词。例如，“因为我们是哈佛人，所以我们应该走在时代的前沿。”省去联结词后变为：“我们是哈佛人，我们应该走在时代的前沿。”虽然没有“因为……所以……”联结词，但前一个判断与后一个判断具有前提和结论的推出关系，就构成了推理，也可以只省略“因为”或只省略“所以”。

推理的种类有很多，从不同的角度可以作出不同的分类。例如，根据前提中判断的数量多少，可分为直接推理（由一个判断推出一个判断）和间接推理（由两个或两个以上判断推出另一个判断）。还可以根据思维进程的特点，分为演绎推理（由一般认识推出个别认识）、归纳推理（由个别认识推出一般认识）、类比推理（由个别或一类认识推出个别或一类认识）。还有其他分类的方法，这一节主要介绍直接推理。

直接推理，即根据一个已知判断推出一个新判断的推理。直接推理的方法有很多，如判断部分中讲到的“逻辑方阵”，就可以由一个已知判断的真或假推出相同素材的其他判断的真或假，这就是一种直接推理的形式。例如：

所有工人都是劳动者，（真）

所以，有些工人不是劳动者。（假）

这个例子是通过性质判断“逻辑方阵”的矛盾关系构成的一个直接推理。

最常用的直接推理方法有两种：换质法和换位法。换质法是通过改变原判断联结项的性质，推出一个新判断的直接推理。例如：

逻辑是有用的，

所以，逻辑不是没有用的。

这是一个换质法直接推理，将原判断结项“是”变为“不是”，同时要用原判断谓项“有用的”的矛盾概念“没有用的”做新判断的谓项，这样才能使判断经过换质而不改变原意。换质法也可以反推，其意义不变。

换位法是通过互换原判断主、谓项的位置，推出一个新判断的直接推理。例如：

有些青年人是哈佛教授，

所以，有些哈佛教授是青年人。

这是一个把原判断主项“青年人”与谓项“哈佛教授”的位置互换，推出新判断的换位法推理。换位法推理除要求调换主、谓项位置外，还必须遵守一条规则：在原判断中不周延的概念，到新判断中不得变周延。如果违反了这条规则，就会把原判断中概念的外延不适当地扩大。周延是指判断本身直接或间接地对其主项（或谓项）的全部外延作了断定的，就称这个判断的主项（或谓项）是周延的，反之不周延。例如：

所有小说都是文学作品，

所以，有些文学作品是小说。

如果只是简单地交换主、谓项，就会得出“所有文学作品都是小说”，这显然与实际不符。其错误是原判断中不周延的概念“文学作品”，调到新判断的主项后变为周延的概念，不适当地扩大了概念的外延。因此，必须将“所有”改为“有些”，使概念的外延保持一致，这在逻辑上叫限量换位法。

掌握换位法推理，可以帮助我们分辨哪些话可以倒过来说，哪些话不能倒过来说；对有些不能直接倒过来说的话，可以用什么方法倒过来说。比如，本节开头寓言中的那只狗，就犯了一个判断换位的错误，即

一切鸡蛋都是圆的，

所以，一切圆的都是鸡蛋。

结果吞下了海螺，弄得肚子疼。

哈佛逻辑精点

俄国著名文学批评家赫尔岑一次参加宴会，被宴会上轻佻的音乐弄得非常烦躁，便用手捂住耳朵。主人看到后，向他解释，演奏的是流行歌曲。赫尔岑反问道："流行歌曲一定是高尚的吗？"主人听了很吃惊，回答道："不高尚的东西怎么能够流行呢？"赫尔岑大笑起来，然后说道："那么流行性感冒也该是高尚的！"主人瞠目结舌，无言以对。试用直接推理的知识，分析赫尔岑与主人的对话。

提示：高尚的东西会流行不等于流行的东西都高尚。

"三段论"的推理过程

民间传说中有很多关于阿凡提智慧的故事，其中有一则叫《两头驴的东西》，故事是这样的：

一天，国王和大臣带着阿凡提外出打猎。天气像火烧一般炎热，国王和大臣都汗流浃背，他们就把湿透的衣衫脱下来搭在阿凡提的肩上。

阿凡提自己的衣衫也被汗水浸透，肩上又搭着国王和大臣的衣衫，一会儿便汗如雨下。国王见阿凡提热得满脸通红，便故意戏弄地说道："阿凡提，你真不简单，能驮一头驴驮的东西。"

阿凡提听了很生气，但他平静地说："不，我肩上驮的是两头驴的东西！"

这个故事中，阿凡提面对国王对他的戏弄，作了一个巧妙的回答，使国王搬起石头砸自己的脚。阿凡提说的只有一句话，但包含着一个"三段论"推理的过程，即

我肩上驮的是两头驴的东西，

国王和大臣的衣衫是我肩上驮的，

所以，国王和大臣的衣衫是两头驴的东西。

很明显，由第一句话做大前提，加上"国王和大臣的衣衫是我肩上驮的"这一事实，就能够推出"国王和大臣的衣衫是两头驴的东西"。言下之意，即国王和大臣是两头驴。当然，事实上，阿凡提肩上驮的东西并不是两头驴的东西，国王和大臣也不是两头驴，但阿凡提这里运用了一个"三段论"的推理方法，故意由一个不真的前提推出一个不真的结论，无情地嘲讽了国王。

"三段论"是由三个性质判断组成，即由两个包含一个共同概念的已知判断，通过这个共同概念的媒介作用，从而推出一个新判断的推理形式。例如：

程序员是脑力劳动者，

海伦是程序员，

所以，海伦是脑力劳动者。

这是一个三段论推理，两个已知判断是"程序员是脑力劳动者"和"海伦是程序员"，其中起媒介作用的共同概念是"程序员"，推出的新判断是"海伦是脑力劳动者"。前面讲到的阿凡提所用的推理也是这种形式的三段论，只是把第二句话和结论都省略了。

正确进行三段论推理必须符合两个要求，即前提真实和形式正确。如果前提虚假，就不能保证必然得出真实结论；而形式正确要求推理过程必须合乎推理的规则，如果违反了推理规则，即使前提真实，也不能保证必然得出真实结论。所以，前提真实和形式正确是正确进行三段论推理的两个必要条件，缺一不可。

三段论推理的一般规则有 6 条，简要介绍如下：

1. 三段论中只能有三个不同的概念，如果有四个不同的概念，则会出现错误。例如：

人民群众创造历史，

我是群众，

所以，我创造历史。

这个推理的前提中实际包含四个不同的概念，即人民群众、创造历史、我、群众，说话人把“群众”与“人民群众”作为中项（共同概念）进行三段论推理。实际上，“人民群众”在大前提中是一个集合概念，“创造历史”是对人民群众整体而言，不等于说其中每个人都能创造历史。而“群众”在小前提中是一个非集合概念，是在分别意义上使用的，可以指每一个群众。当然，这样推出的结论是不可靠的。

2. 中项在前提中至少周延一次。例如：

很多商界精英都是哈佛大学毕业生，

股神巴菲特是商界精英，

所以，巴菲特是哈佛大学毕业生。

推理前提的中项是“商界精英”，但在大、小前提中都不周延。也就是说，在大前提中，中项“商界精英”与大项“哈佛大学毕业生”发生联系；在小前提中，中项“商界精英”的部分与小项“巴菲特”发生联系。这样就无法确定小项“巴菲特”与大项“哈佛大学毕业生”究竟有什么联系了。

3. 前提中不周延的概念到结论中不得变为周延。例如：

哈佛人都应起到模范作用，

我不是哈佛人，

所以，我不用起模范作用。

大前提中的大项“应起到模范作用”，是肯定判断的谓项，是不周延的；而到结论中成为否定判断的谓项，变为周延。很明显，在前提中仅断定某种情况的部分，不能在结论中变为断定某种情况的全部，否则就犯了“大项扩大”的错误。

4. 两个否定前提不能得出结论。例如：

纽约不在肯塔基州，

哈佛大学不在纽约，

所以，哈佛大学在肯塔基州。

这个推理的两个前提都是否定的判断，其中项“纽约”与大项“肯塔基州”和小项“哈佛大学”都没有任何联系，无法起到中项的媒介作用，根本推不出小项与大项究竟是怎样的联系。因此，上述推理所得的结论只是一种可能情况，没有必然性，是不合逻辑的。

5. 前提中有一个是否定的，则结论只能是否定的。例如：

迷信都不是科学的，

占卜是迷信，

所以，占卜不是科学的。

大前提是否定判断，断定“迷信”都与“科学”相排斥；而小前提是肯定判断，断定“占卜”属于“迷信”。这样，由于中项“迷信”一方面与大项“科学”相排斥，另一方面又包含着小项“占卜”，因此也就必然使小项“占卜”与大项“科学”相排斥，结论必是否定的。

6. 前提中有一个是特称的，则结论只能是特称的。例如：

所有违法犯罪的人都应受到惩罚，

有些人故意违法犯罪，

所以，有些人（故意违法犯罪）应受到惩罚。

这个推理的大前提是全称判断，断定“违法犯罪的人”全部都是“应受到惩罚”，而小前提是特称判断，断定“有些人”是“违法犯罪的人”。这样，就可以推出这部分人必然是应受到惩罚的，而不能把这部分人扩大为全部人。因此，推出的结论必定是特称的。

根据这6条规则来看阿凡提的推论，是合乎逻辑规则的，但是由于前提不真，所以推出了一个不必然真的结论，目的是对国王进行嘲讽。

哈佛逻辑精点

有5位旅行者在伦敦希罗思机场的候机室里交谈。他们分别来自新德里、巴黎、波士顿、纽约和巴西利亚。

A先生说：“我去过很多地方，曾经多次访问北美洲，但我从没去过南美。下个月我将首次访问巴黎。”

B先生说：“太好了！我将在那里遇见您。我也准备到那里旅行。去年，我曾经去过哈佛大学和联合国总部所在地。”

C先生说：“去年我也去过波士顿，那是我第一次去美国。”

D先生说：“我还从来没有到过波士顿，我倒是很愿意去那儿玩几天。我能认识你们几位来自不同国家的朋友，真是太高兴了！”

E 先生说:“您说得很对!”

聪明的读者，你能根据以上的对话推出他们分别来自哪一个城市吗?

提示:巴西利亚是巴西首都，位于南美洲;波士顿和纽约都是美国的城市，位于北美洲;哈佛大学位于波士顿市;联合国总部位于纽约市。

排除错误的推断，得出正确的结论

某企业财务部在一次年终审核过程中发现账面少了 24.66 万美元。财务部的核对人员罗德曼对所有进出账目反复核对了两遍，却始终没能找出原因。于是他请来已经退休的会计霍华德帮忙。霍华德根据自己多年的经验，分析错账原因有三种:或者汇总汇错，或者余款结错，或者记账记错。而这个问题出在账面明细上，所以，第一种“汇总汇错”的情况就不存在了。接着，霍华德又将账上各户的余额全部复核了一遍，也没有发现差错，这就否定了第二种“余款结错”的可能。于是，他初步断定，账面上的差错是记账记错造成的。

记账记错，不外乎两种可能，一种是只有一笔账记错，另一种是有两笔或两笔以上账记错。根据财务部工作人员两次复核却一笔错账都没有发现的情况来看，霍华德认为后一种可能性不大，很可能属于一笔账记错的情况。

在几千笔账中，怎样去查找一笔错账呢?霍华德根据 24.66 万美元这个数字的一些特点，认为有两种可能:第一，24.66 是个偶数，所以有可能是收付反方向的错记。如果是收方误记付方，那么这笔账就应该是 12.33 万美元，但是在凭记中没有发现 12.33 万美元的账。第二，24.66 这个数有可能是小数点位置的错记所致。例如，将付方的 2.74 误记为 27.40，或将收方的 27.40 误记为 2.74，都会减少 24.66。因此，霍华德就在凭记中查找 2.74 万美元的金额，果然发现有一笔付方 2.74 万美元的账。于是，霍华德认为，这笔账的差错可能就是由于这笔付方 2.74 万美元的账误记为 27.40 万美元所造成的。最后把凭证与账面明细作了核对，事实验证了霍华德的分析是正确的。

为什么别人很难查找的错账，霍华德却能一步一步如此准确地找出原因呢？这主要是由于他对财务工作具有丰富的经验，在长期工作中积累了一套科学的管理方法。一旦发生问题，他马上就作出科学的分析。他的分析三次正确地运用了选言推理的否定肯定式。第一次，通过否定"汇总汇错"和"余款结错"，推断错账的原因是"记账记错"；第二次，通过否定"两笔或两笔以上账记错"，推断可能是"一笔账记错"；第三次，通过否定"收付反方向记错账"，推断可能是"小数点位置的错记"。最后根据这个推断，果然查出了这笔错账。

选言推理就是以选言判断为前提，按照选言支的逻辑关系进行的推理，有两种形式，即相容选言推理和不相容选言推理。

相容选言推理是以相容选言判断为前提，按照相容选言判断选言支的逻辑关系进行的推理。根据相容选言判断至少有一个选言支为真的逻辑性质，不能由其中一个选言支的真推断其余选言支为假，只能由其中一个选言支的假推断其余选言支为真。因此，相容选言推理只有一种正确推理形式，即否定肯定式。例如：

工作没做好，或是由于主观原因，或是由于客观原因，

这项工作没做好不是由于主观原因，

所以，这项工作没做好是由于客观原因。

这是一个相容选言推理的否定肯定式，前提中的选言判断“工作没做好，或是由于主观原因，或是由于客观原因”，其选言支“由于主观原因”和“由于客观原因”具有相容关系，因此不能通过肯定其中一个选言支否定另一个选言支，只能通过否定其中一个来肯定另一个，构成否定肯定式。上例中霍华德在查账过程中，第一次应用的选言推理就是这种形式：

错账原因或是“汇总汇错”，或是“余款结错”，或是“记账记错”，

错账原因不是“汇总汇错”，也不是“余款结错”，

所以，错账原因是“记账记错”。

前提中选言判断的三个支判断“汇总汇错”“余款结错”“记账记错”之间具有相容关系，即错账原因中有可能同时存在这三种情况。因此，应用相容选言推理的否定肯定式是恰当的。在三种可能情况中，否定了其中两种情况，就能肯定其余的一种情况。

此种选言推理可以总结为两条规则：1. 肯定一部分选言支，不能否定另外一部分选言支；2. 否定一部分选言支，就能肯定另一部分选言支。

不相容选言推理是以不相容选言判断为前提，按照不相容选言判断选言支的逻辑关系进行的推理。根据不相容选言判断只能有一个选言支为真的逻辑性质，即可以由一个选言支真推出其余选言支假，也可以由一部分选言支假推出剩余一个选言支真。因此，不相容选言推理可能有两种正确推理形式，即肯定否定式和否定肯定式。

我们对待困难，要么知难而进，要么知难而退，

我们对待困难，要知难而进，

所以，我们对待困难不能知难而退。

这种以不相容选言判断和肯定其中一个选言支为前提，推出否定其余选言支为结论的推理形式叫肯定否定式推理。

汽车要么是手动挡的，要么是自动挡的，

这辆车不是手动挡的，

所以，这辆汽车是自动挡的。

这种不相容选言判断以否定其中一部分选言支为前提，推出肯定剩余一个选言支为结论的推理叫否定肯定式推理。霍华德在查账过程中，第二次、第三次应用的选言推理就是这种形式，其中第二次推理是：

记账记错要么是一笔记错，要么是两笔或两笔以上记错，

根据核对情况，不会是两笔或两笔以上记错，

所以，这笔账是一笔记错。

第三次推理是：

这一笔错账要么是收付反方向的错记，要么是小数点位置的错记，

这一笔错账不是收付反方向的错记，

所以，这一笔错账是小数点位置的错记。

以上两次推理的形式，都是通过否定不相容选言判断的一个选言支，从而推出肯定另一个选言支为结论的不相容选言推理的否定肯定式。由此可以总结出不相容选言推理的两条规则：1. 肯定一个选言支，即可否定其余选言支；2. 否定一部分选言支，即可肯定剩余一个选言支。

哈佛逻辑精点

著名小说家马克·吐温曾在一次酒宴上回答记者提问时说："国会中有些议员是混蛋。"记者将此言公诸报端。华盛顿的议员们大为愤怒，纷纷要求马克·吐温澄清并道歉，否则将诉诸法律。马克·吐温答应登报道歉。数日后，报纸上出现了马克·吐温的道歉声明，全文如下："日前，鄙人在酒席上发言，说有些国会议员是混蛋。事后，有人向我兴师问罪，我再三考虑，觉得此言是不妥当的，而且也不合事实，故登报声明，把我的话修改如下：国会中有些议员不是混蛋。"请用直接推理知识，对马克·吐温的声明作出解释。

提示：马克·吐温的两句话并不矛盾，可以同时为真。

由"半费之讼"引发的"二难"辩术

古希腊智者的著名代表普罗泰戈拉十分擅长辩论，而且精通法律。一个名叫爱瓦梯尔的人曾拜普罗泰戈拉为师，向他学习法律，师生商定，先付一半学费，另外一半学费在爱瓦梯尔第一次出庭取得胜诉之后再付。

但学业结束后，很长时间里都没有人找爱瓦梯尔办理诉讼，另一半学费他也一直没有支付。普罗泰戈拉等得有些不耐烦了，要诉诸法律解决，并对学生爱瓦梯尔说：

如果我打赢了官司，根据判决，你就应该支付另一半学费；

如果我打输了官司，根据协议，你也应该支付另一半学费，

或者我打赢了，或者我打输了，

总之，你都应该支付另一半学费。

对此，爱瓦梯尔却表示不认同，他回答说：

如果我打赢了官司，根据判决，我就不付另一半学费；

如果我打输了官司，根据协议，我也不付另一半学费，

或者我打赢了，或者我打输了，

总之，我都不付另一半学费。

这就是被称为“半费之讼”的一场著名辩论。师生之间各执一词，听起来似乎双方各有道理、各有依据。那么，这是怎么回事呢？

从逻辑学角度分析，双方都是在进行诡辩。所谓诡辩，就是利用各种逻辑形式为错误进行的辩解，实则是违反逻辑的。师生双方在推理的前提中，都使用了两个不同的根据，这在逻辑上是不允许的，即在同一思维过程中，如果根据“判决”，就不能同时根据“协议”；如果根据“协议”，就不能同时根据“判决”。师生双方都同时以两个根据来谈论问题，哪一个对自己有利就用哪一个作根据，这当然解决不了问题。而他们双方所运用的推理形式，逻辑上叫作“二难推理”。

二难推理也叫“假言选言推理”，是以两个假言判断和一个二支选言判断为前提构成的推理，有四种基本类型。

1. 简单构成式：通过肯定两个充分条件假言判断的前件推出肯定其后件为结论的二难推理。例如：

如果刺激老虎，那么老虎会咬人；

如果不刺激老虎，那么老虎也会咬人；

或者刺激它，或者不刺激它，

总之，老虎会咬人。

古希腊智者普罗泰戈拉和学生爱瓦梯尔在辩论中所使用的二难推

理，就属于这种简单构成式。

2. 简单破坏式：通过否定两个充分条件假言判断的后件推出否定其前件为结论的二难推理。例如：

如果你想考入哈佛大学，就要有决心；

如果你想考入哈佛大学，就要有措施；

你或者没有决心，或者没有措施，

总之，你别想考入哈佛大学。

由于前提中两个假言判断的后件不同，而前件相同，因此通过选言判断分别否定两个不同的后件，从而推出一个否定同一前件的判断为结论。因为结论是个简单判断，并且整个推论是由否定后件式构成的，所以叫“简单破坏式”。

3. 复杂构成式：通过肯定两个充分条件假言判断的前件推出肯定其两个不同后件的选言判断为结论的二难推理。例如：

如果商品质量差，那么就不能获得消费者的信赖；

如果商品供应不足，那么就不能满足消费者的需求，

或者商品质量差，或者商品供应不足，

总之，或者不能获得消费者信赖，或者不能满足消费者需求。

由于前提中两个假言判断的前件不同，后件也不同，因此通过选言判断分别肯定两个不同的前件，从而推出一个肯定不同后件的选言判断为结论。

4. 复杂破坏式：通过否定两个充分条件假言判断的后件推出否定其两个不同前件的选言判断为结论的二难推理。例如：

你要学好英语，就要多读多写；

你要学好数学，就要多做练习题；

你既不多读多写，也不多做练习题，

所以，你既学不好英语，也学不好数学。

由于前提中两个假言判断的前件不同，后件也不同，因此通过选言判断分别否定两个不同的后件，从而推出一个否定不同前件的选言判断为结论。

以上四种二难推理的形式在实际应用中是比较灵活的，既可以省略，也可以颠倒顺序，但必须要保证前提真实和推理形式的正确性。如果前提中包含假判断，或推理违反了规则，都不能推出必然结论。普罗泰戈拉与爱瓦梯尔在“半费之讼”中所用的二难推理，其推理形式是正确的，但前提中两个假言判断的根据是互相矛盾的，也就是这两个假言判断不能同时是真的，其中必有一个是假的。在“判决”和“协议”二者之中只能以一个为真实根据，因此，如果根据“判决”所建立的假言判断是真的，那么根据“协议”所建立的假言判断就是假的。这样，师生双方的“二难推理”都包含一个假前提，因而推出的结论都是不真实的。

哈佛逻辑精点

有一个面包商，他每天都要到对面一家黄油店买黄油，买来的黄油多半不够分量。于是，他去质监部门告状，相关工作人员便同他一起去黄油店调查。

工作人员问黄油店老板：“你有秤吗？”

老板回答：“当然有，是一个天平。”

“那你有砝码吗？”

“没有。”

"那你怎么称黄油的重量？"

店老板说："这容易，瞧，对面不是有一个面包店吗？每个面包重1千克，我在天平的一端放面包，另一端放黄油，不是正好吗？"

面包商一听这话，顿时没了底气，陷入进退两难的境地。分析这段话，列出黄油店老板运用的关系推理。

提示：一个面包重1千克，所以一块黄油重1千克，具有传递关系性质。

五种探求因果联系的方法

逻辑上总结出五种帮助人们探求因果联系的方法，即求同法、求异法、求同求异并用法、共变法和剩余法。

1. 求同法

求同法也称"契合法"，即在不同场合中，找出发生某一共同现象的相同因素，从而确定这个相同因素与某一现象之间具有因果联系的方法。如，前后两个场合中考察的动物品种、生理特征、生活条件都不相同，只有"吃了发霉的花生"这个因素相同，而且都出现了"致癌而死的现象"。应用求同法，即可初步确定吃了发霉的花生是动物致癌而死的原因。

求同法的特点是异中求同，结论具有或然性，因为事物的相关因素往往是复杂的，表面相同实非相同或表面相异实非相异的情况很可能存在。因此，应用求同法，一方面要注意分析的场合越多，则结论越可靠；另一方面对相同因素不能只从表面上看，要尽可能把相同因素确定准确。

2. 求异法

求异法也称“差异法”，即在不同场合中，找出某个不同因素，从而确定这个不同因素与出现的某现象有因果联系的方法。例如，有两个养猪场，都圈养了 300 头两个月大的幼猪，一个猪场喂 A 饲料，另一个猪场喂 B 饲料。一段时间后，吃 A 饲料的猪体重增长很快，而吃 B 饲料的猪体重增长较慢。可以确定，A 饲料比 B 饲料的饲养效果更好。

这是一个应用求异法的事例，两个饲养场为两个场合，一个场合经过一段时间后发生体重增长较快的现象，而另一个场合比较缓慢，二者出现了差异。圈养两个月大的幼猪都是相同的，只是喂养的饲料不同，因此确定喂 A 饲料是猪体重增长较快的原因。

求异法和求同法是探索因果联系的两种最基本方法，应用很普遍。从作用上看，求异法比求同法更进一步，它不但有正面场合相比较，而且有反面场合相比较，因而可靠程度较高。许多科研机构的实验都是运用此种方法作出安排的。例如，某市辐射中心采取对食品进行辐射的办法，使鲜肉、蔬菜、水果等食品长时间保持新鲜。他们把食品用加速器产生的高能电子或人工射线辐照，发现食品表面所含有的大肠杆菌和沙门氏菌等菌类大量减少，比没有经过辐照的食品能够更长时间地保持新鲜。

3. 求同求异并用法

求同求异并用法也称“契合差异并用法”，即通过考察两组事例，每组都包含若干场合，其中一组有一共同因素并且有某共同现象出现；而另一组中没有这个共同因素并且没有某共同现象出现，从而确定这一共同因素与某现象之间具有因果联系。例如，有人做了一个实验，把男女老少若干人分为两组，一组人在一间房屋里连续躺 2 天，另一组人在一间房屋里每天允许做 4 次运动，每次 10 分钟，结果前一组的人 2 天后出现疲乏、便秘、食欲减退、头晕、心悸等症状，而另一组人一如往常。从而确定“运动”是另一组人“一如往常”的原因，证明了“生命在于运动”的道理是正确的。

这个例子是应用求同求异并用法安排的实验，它不是两个单独情况作比较，而是两组情况作比较。每天运动 4 次的一组人为“正事例组”，每天没有运动的一组人为“负事例组”。有运动的一组人，尽管男女老少每个人的条件不完全相同，但运动这个因素是相同的，结果发生的情况“一如往常”也是相同的；而没有运动的一组人，也是男女老少情况不完全相同，但不运动这个因素也是相同的，结果发生的疲乏、头晕等情况也是相同的。由此可见，求同求异并用法的整个过程实际上就是对两组事例分别求同，然后求异的一种综合性方法。

求同求异并用法的结论也具有或然性，但比单纯使用求同法或求异法更为可靠。如果两组事例相同的因素越多，结论可靠性越大。对负事例组事例的选择与正事例组的事例越相似，结论可靠性越大。

4. 共变法

共变法是在不同的场合中，有一个变化的因素，并且有一个变化的现象与这个因素的变化相对应，从而确定这个变化的因素与这个变化的现象之间具有因果联系的方法。例如，上海水文地质队对上海地面沉降的原因进行了调查分析，得出：上海的一口深井是在 1860 年开凿的，到 1949 年前夕，共有 708 口深井，每天出水量为 24 万吨，地面沉降达 35 毫米；1955 年前夕，深井增加到 854 口，出水量每天为 34 万吨，地面沉降达 54 毫米；1960 年前夕，深井增加到 1183 口，出水量每天达到 56 万吨，地面沉降也提高到 93 毫米。这几个数字说明，深井开凿得越多，地下水用得越多，地面沉降也就越多。

这个事例就是应用共变法对上海地面沉降的原因作了分析，即考察了历史上三个不同时期，根据开凿深井数量的不断增加，结果地面沉降量也相应不断增加的共变情况，从而确定开凿深井的数量与地面沉降量之间有因果联系。

5. 剩余法

剩余法是对复合原因引起复合现象的情况，通过排除已知的因果部分，从而确定其剩余部分之间具有因果联系的方法。例如，法国著名物理学家居里夫妇为了从含铀的沥青矿样品中提炼铀，对其中的含铀量进行了测定。他们惊讶地发现，有几块样品的放射性比纯铀的放射性还要大，这就说明在这几块样品中，除纯铀与一部分放射性有因果关系外，剩余的部分中必定还有另外一种尚未发现的放射性元素存在。根据这个分析，居里夫妇经过半年多的艰苦工作，在几吨沥青铀矿中，终于分离出只有几厘克重的黑色粉末，即纯镭的氯化物。

居里夫妇发现镭的科学故事，是应用剩余法的典型事例。复合的原因是沥青铀矿中的铀及未知的放射性物质，它引起的复合现象是对全部沥青铀矿测得的放射性大于纯铀放射性的现象。其中的铀和由它产生的放射性之间是已知的因果部分，通过排除这已知的因果部分，从而确定剩余部分之间具有因果关系。

以上五种探求因果联系的方法，在实际应用过程中，往往结合起来加以综合运用。必须说明的是，这些方法只为探求因果关系提供手段，仅仅靠这些方法是不够的，还需要运用有关的具体知识及对实际情况的准确了解和科学分析，否则仍然不能揭示出事物的真正因果联系。

哈佛逻辑精点

在第二次世界大战期间，英国发现许多炮台上的雷达有时突然都受到干扰。当时，军方猜测可能是德国使用了某种反雷达的新式武器。可是，经过各国科学工作者的多次试验发现，尽管环境不同，使用的仪器也不同，但每次雷达只要对准太阳，就会受到同样的干扰。直到这时，英国军方才恍然大悟，并不是德国使用了新式武器，原来是来自太阳的天然干扰，太阳也在时刻发射着无线电波。请问，科学家们查清雷达受干扰的原因，应用了什么推理形式？

提示：如果在被研究现象出现的两个或两个以上场合中，只有唯一的一个情况是这些场合都具有的，那么这个唯一的共同情况就是被研究现象的原因。这是求同法的内容。

同类事物可能包含同样的道理

类比推理是根据两个或两类事物在某些属性上相同，从而推出它们在另一属性上也相同的推理。荷兰科学家惠更斯在研究光的性质时，曾将光与声这两类现象作比较，发现它们之间在许多性质上是相同的，如都有直线传播、反射、折射和干扰等现象，并且已经知道声的传播具有波动状态的性质，由此作出推断，即光的传播也可能具有波动状态的性质，从而提出了“光波”这一科学概念。

类比推理是在两种不同对象之间，通过比较，从个别或一类的认识推断出另一个个别或一类的认识的推理形式。它既不同于从一般推知个别的演绎推理，也不同于从个别推知一般的归纳推理。

类比推理之所以能够推出结论，是因为客观事物的各种属性之间不是彼此孤立的，而是互相联系的。如果两个事物在许多属性上都相同，那么在另外的属性上就有可能也相同，这是类比推理的客观基础。但是，我们也应该看到，世界上的事物没有完全相同的，即使两个非常相似的事物也是有差异的。既然两个或两类事物总是有差异的，那么根据两个或两类事物的相同属性推出其他属性也相同就不是必然的，推出的结论可能是真的，也可能是假的。因此，要提高类比推理结论的可靠程度，就要注意以下几点。

1. 类比对象之间的相同属性越多，推出结论的可靠程度也就越高。例如，试验某种新药的疗效，根据在一些高等动物身上做实验的疗效，推断在人身上使用的疗效，其结论可靠程度就高，因为高等动物与人的相同属性较多。如果用与人相同属性较少的低等动物作类比，其结论可靠程度就低。

2. 类比对象的相同属性与类推的属性之间具有必然联系，结论的可靠程度就高。如果相同属性与类推属性之间没有必然联系，即使相同属性较多，结论也是不可靠的。例如，拿地球与月球作类比，其相同属性很多，它们都是星体，本身不发光，有自转、公转等；而已知地球上有生物，从而推断月球上也有生物，这个结论就是不可靠的。因为所有这些相同的属性与生物的存在没有必然联系，事实上，月球恰恰缺少与生物存在有必然联系的水和空气等条件。

3. 在类比推理中不应该有与类推属性相矛盾的属性。比如，A 汽车厂生产的小轿车质量已经达到国际先进水平，而 B 汽车厂是与 A 汽车厂同时投产的，都引进了现代化设备，生产规模、技术力量也都差不多，只是管理团队不够出色，质量方面把关不严。两个厂的多数条件都很相近，A 厂既然能成为先进企业，B 厂也应该是先进企业，这是把 A

厂与B厂作类比推断出来的结论。但是，在类比的条件中存在着与成为先进企业相矛盾的属性。对于一个企业来说，如果管理团队不够出色，对产品质量不够重视，显然就不能被评为先进企业；即便两个厂的相似条件再多，只要没解决这两个根本问题，两个厂也是无法相提并论的。因此，这种类比推理的结论是不可靠的。

虽然类比推理获得的结论是或然的，但它在人们认识世界、改造世界的过程中仍具有重要的意义。哈佛大学心理学教授史蒂芬·平克就认为，类比是解释人类智能的关键。无论在日常工作中，还是在科学研究中，类比推理都是一种经常使用的推理方法。它能够启发人们的思维，提供科学假说，常常是科学发现的先导。

哈佛逻辑精点

一天，一位作者给出版社编辑打来电话，抱怨道："这篇稿子在寄稿前，我把后面几页粘在一起。退稿后，我发现这几页还是粘在一起的。由此可见，您并没有看完全部稿子或者没有用心审阅，既然这样，您怎么知道它不适宜刊用呢？"编辑请对方少安毋躁，然后打了个比方说："一个蛋，你吃了一口，就觉得它有臭味，那么你是否要把整个蛋都吃掉才能断定它是一个臭蛋呢？"作者顿时无语。请问，这位编辑采用的是哪种推理方式？

提示：编辑认为，被退回的稿子与臭蛋都具有相同的属性。

没有大胆的猜测，就没有伟大的发现

古人类学家曾告诉我们，古猿是人类的远祖，他们生存在 800 万年至 1400 万年前；南猿和猿人是人类的近祖，他们生活在 20 万年至 400 万年前。然而，古猿之后、南猿和猿人之前这一段 400 万年的漫长岁月中，人类的祖先是什么模样？由于这一段时期的化石资料几乎空白，古人类学家提出了种种假说。

1960 年，英国人类学教授哈代指出，地质史表明，400 万年至 800 万年前，非洲东部和北部被海水淹没，迫使一部分古猿下海生活，进化成为海猿。几百万年后，海水退却，已经适应水中生活的海猿重返陆地，他们就是人类的祖先。海猿在水中生活，进化出两足直立、控制呼吸等本领，为以后人类的直立行走、解放双手、发展语言交流等重大进化创造了条件。

这一假说提出后，有一些科学家相继做了进一步研究。英国科学家摩根认为，人类身上缺少皮毛，具有较厚的皮下脂肪，这正是生活在水中的哺乳动物的特点。哈佛大学科学家丹顿发现，人类不具备对食盐摄入的精细调节本领，这一点与水兽相似。另外两位科学家埃尔默特和古登则指出，人类的潜水反应和海豹十分相似，这种反应受控于大脑的某一特定功能区，而人类正是凭借这一特定功能区才发展了自己的语言。

1974 年，在埃塞俄比亚发现了一具被命名为“露西”的南方古猿阿法种化石。露西生活在 300 万年前，是迄今发现的最早的人科动物化石。研究发现，露西的骨盆发达而下肢细弱，这也是水生哺乳动物所具有的特征。但是，由于至今能够直接证明这种假说的化石资料还不多，无法进行科学论证，这一假说的可靠性和说服力很弱。事实上，“海猿说”的种种论证，如根据人的体表无毛和皮下脂肪发达，也可以作出非水生生物进化特点的解释；至于露西下肢细弱，也可以由个体发育不完善作出解释。因而“海猿说”只能是一种假说。

假说也称“假设”，是根据已知的事实材料和科学原理对事物的未知原因或规律的假定解释。例如，宇宙天体演化的“星云假说”、地球表面的“大陆漂移假说”、微观世界的“光量子假说”等。

人们对世界上各种现象的研究，首先都要根据观察到的现象作出某种推测，这种推测的思维形式就是假说。假说是一种比较复杂的思维形式结构，它是各种推理形式及逻辑方法的综合运用，往往成为科学发现的先导。

假说被确证即成为科学理论。假说的形成和发展大体可分为三个步骤。

1. 假说的提出。提出假说首先要观察事实、掌握材料，同时运用想象、猜测、顿悟。德国物理学家普朗克说：“每一种假说是想象力发挥作用的产物。”想象、猜测、顿悟等都属于创造性思维。在观察事实和创造性思维的基础上还要进行逻辑推理，从而作出推断，根据这个推断提出假说。

逻辑推理在提出假说的过程中起着重要作用。有的假说的提出主要借助于归纳，如门捷列夫提出的元素周期律，就是对当时已经发现的63种元素归纳分析的结果；有的假说的提出主要借助于演绎，如天文学家根据引力计算，推测并发现了“海王星”，因此有人说“海王星的发现是演绎法的胜利”；有的假说的提出主要借助于类比，如惠更斯提出“光的波动说”，就是把光与声作类比得出的结论。

在提出假说的过程中，实际上，往往要综合运用各种推理方法，才能对一项复杂的研究作出推断。例如，关于人类起源于海猿的研究，要运用演绎法，根据一般水生哺乳动物特点推断出人具有哪些水生动物特点；要运用归纳法，概括人体的若干属性、特征，得出人的祖先可能曾生活在水中的结论；要运用类比法，拿人与某种水生哺乳动物作各方面的比较。总之，假说既然是一种由已知推测未知的思维过程，就必然要通过推理才能完成。

2. 假说的推演。假说一经提出，就要进行推演，即根据假说的内容进行推论，推断出某些个别情况符合假说的过程。例如，根据牛顿万有引力定律的一般公式，可推知星体之间的互相作用力、太阳与周围行星的位置及运行轨道。根据在真空中不同重量的物体同时下落的原理，推知鸡毛和铜钱在真空中可同时下落；根据化学元素周期率，推知某一种元素的原子量及其性质；根据人类起源于海猿的假说，推知现代人应具有的某些水生的特征等。假说的推演就是以假说为前提进行的演绎推论，即根据假说的一般原理推断某一个别情况与假说相符。能够这样推论的事情越多，假说的可靠性就越大。

3. 假说的验证。假说推演得到的结论必须由实验来检验其是否正确。只有经过实验检验证明其正确的结论，才是可靠的。这种对假说起检验作用的实验，叫作“判别性实验”。例如，根据万有引力定律，计算出星星围绕太阳做椭圆形运转，而且太阳正在椭圆的焦点上。根据自由落体定律，在抽成真空的试管中用鸡毛和铜钱做实验，证明不同重量的物体同时落地。这些实验对假说都具有验证作用。如果某一假说提出后，能验证它的事例越多，那么假说的可靠性就越高。

根据假说作出的预言，如果能得到证实，并纠正已有实验的错误，那么这个假说就更令人信服。例如，门捷列夫根据元素周期律，于

1871 年曾预言一种新元素“镓”的比重应是 5.9 至 6.0。而 1875 年，法国化学家布瓦博德朗发现了镓，并用光谱分析方法测定它的比重是 4.7。在他发表这个成果之后，门捷列夫给他写了一封信，指出镓的比重不应该是 4.7，而应该是 5.9 至 6.0，并写道：“请再实验测定一下，也许您那块物质还不纯。”布瓦博德朗重新提纯测定了镓的比重，果然不是 4.7，而是 5.96。这件事有力地证实了门捷列夫的预言，从而也是对元素周期律的有力验证，使门捷列夫提出的元素周期律由假说上升为科学理论。

纵观科学发展的历史，科学发展的规律是通过观察和实验，经过逻辑思维和创造性思维，提出假说，通过对假说的验证与修正形成科学理论，如此循环往复而不断深入。由此可见，假说在推进人类认识和能动地改造世界的过程中具有非常重要的意义。

Lesson 5

逻辑论证：有理有据的论证才让人信服

论证是根据已知为真的命题，通过逻辑推理，来确定另一命题的真实性与虚假性的思维过程。根据证明所运用的推理形式的不同，逻辑论证可分为演绎证明、归纳证明和类比证明；根据论证者在证明论题时是否由论据直接过渡到论题，可将论证分为直接论证与间接论证。通过论证，人们可以在已有知识的基础上，获得新知。在向别人宣传、讲授原理、定理时，只有经过充分论证才能让人信服并接受。在实践检验真理的过程中，逻辑论证也扮演着十分重要的角色。

如何确定一个命题的真假？

在实际生活中，人们经常需要确定某一命题的真实性，以便确定能否用该命题来指导行动。那么，如何确定一个命题的真假呢？这就涉及论证的问题。论证一个命题的真假，一般可通过两条途径，即实践活动和逻辑推理。

通过实践活动来判定，如医生用仪器对患者进行检查、化验，然后根据检查和化验的结果来断定病情；再如，买瓜人可以先让卖瓜人切一小块西瓜给自己尝尝，然后根据口感判断是否购买整个西瓜。

论证就是用一个或一些真实命题确定另一命题真实性的思维过程。论证包括证明和反驳。

证明是根据已知为真的命题来确定另一命题为真的思维过程，如科学技术是生产力。因为，蒸汽机的诞生，使人类社会的生产方式由手工操作进入机械化生产的时期，使生产力大大提高；电动机的研制成功，使社会生产由机械化进入电气化阶段，社会生产力又前进了一大步；电子计算机的研制成功，又使社会大生产进入自动化时代，社会生产力又产生了一次大飞跃。这说明，科学技术的每一个进步都会影响生产力各个要素，特别是人和工具这两个最主要的因素，都会促进生产结构的变革，从而提高人们改造自然的能力。

反驳是根据已知为真的命题来确定另一命题为假的思维过程，如有人认为电脑比人脑强，未来将取代人脑，甚至控制人类。这一观点是站不住脚的。思维模拟或人工智能毕竟是机械、物理的过程，它没有社会性、能动性和创造性，它的功能都是人设计和给予的。因此，思维模拟只是人的思维活动的一种手段和工具，是人的意识物化的一种表现。由此可见，尽管电脑的某些功能可以超过人类的部分思维能力，但它不可能完全取代人脑的思维，更不可能反过来控制人类。

从上面的介绍可以看出，论证是层次结构最为繁复的思维形态，包含概念、命题等，与推理关系最为密切，综合了前面所讲的知识。所以，从某种意义上说，论证是对概念、命题、推理及逻辑规律规则等知识的综合运用，是一种富有创造性的思维活动。但普通逻辑学并不研究具体论证过程中的具体内容，仍然只从形式结构的角度研究贯穿于各个具体论证过程的最一般的共同东西，如论证的结构、种类、应遵循的规则等。

论证由三个要素构成，即论题、论据和论证方式。论题是论证中需要确定其真实性或虚假性的命题，它回答的是“论证什么”的问题，在内容上是论证的中心或核心，在形式上是论证的起点和终点。论据是用来确定论题真实性或虚假性而自身真实性已被断定的命题，它回答的是“用什么论证”的问题，是论证的基础或根据。论证方式是用论据来确定论题真假时所采用的推理方式，它回答的是“怎样论证”的问题，是论证过程中论据与论题之间的逻辑联系方式。

论证和推理既有联系又有区别。论证和推理的联系主要表现为：推理是论证的工具，论证是推理的运用。换句话说，论证总是借助于推理来进行的，任何论证的过程都是运用推理的过程。但是，论证和推理又是有区别的，它们的区别主要表现在：第一，思维进程不同。论证是先有论题，然后运用论据来确认论题，相当于从结论到前提；而推理是从前提到结论，是先有前提，然后得出结论。第二，形式结构不同。论证往往综合运用多个或多种推理形式，它的形式结构一般要比推理复杂得多。第三，逻辑要求不同。论证要求用已知为真的命题去确定另一命题的真假，它既要求论据为真，也要求论题为真；而推理只要求前提与结论之间的联系是合乎逻辑的，即推理形式正确有效，并不强求前提与结论必然真实。第四，任何论证都是推理形式的运用，但并非任何推理形式都能独立地充当论证的工具。

论证是提出科学假说的重要手段。任何科学假说的提出，都是在事实材料和已知科学原理的基础上，通过逻辑论证实现的。只有经过论证的假说，才有可能不被视为盲目猜测，而成为探索真理的阶梯。

哈佛逻辑精点

一个学生告诉老师，他用天文望远镜看到了太阳上的黑点。这位老师说："孩子，你还是回家去吧，这些黑点不在太阳上，而在你的眼睛里，因为亚里士多德从来没有这样说过。"请指出老师反驳中存在的逻辑错误。

提示：如论据不可靠，则论证不成立。

论证的几种方式与方法

论证方式是证明过程中所运用或主要运用的推理形式，包括演绎证明、归纳证明和类比证明。

1. 演绎证明是运用演绎推理形式来进行的证明，它根据一般性原理来证明个别性事实。论据与论题之间存在着必然性联系，即论据蕴涵着论题。例如：

凡是真理都是不怕批评的，

科学是真理，

所以，科学是不怕批评的。

演绎推理的各种有效形式都可作为演绎证明的论证方式。例如，前面介绍过的直接推理、三段论、联言推理、选言推理、假言推理、二难推理等，均可用作演绎证明。

演绎推理是一种前提蕴涵结论的必然性推理，所以演绎证明的证明力很强。只要作为论据的一般原理可靠、反映事物情况属实和推理形式符合规则，那么论题就是可靠的。数学中定理、定律的证明，一般都属于演绎证明，数学证明一般都是借助演绎推理进行的。

2. 归纳证明是运用归纳推理形式来进行的证明，它根据个别性事实来证明一般性原理。例如，英国哲学家培根对"学问改变气质"所进行的证明——"历史使人明智；诗歌使人巧慧；数学使人精细；哲学使人深沉；伦理学使人庄重；逻辑与修辞使人善辩。学问改变气质。不仅如此，精神上的缺陷没有一种是不能由相当的学问来补救的。"

在运用归纳推理进行的归纳证明中，只有运用完全归纳法和科学归纳法的证明才能有效地或比较有效地确定论题的真实性。用不完全归纳推理建构的证明，只能在严格的证明中起辅助作用，不宜独立使用；但它立足于事实，因而虽是非严格的证明，却容易被人们接受。

3. 类比证明是运用类比推理形式来进行的证明，它依据特殊性的事实来证明特殊性的事实。例如，伽利略通过比较木星的卫星系和太阳系的一些类似关系而科学地论证了哥白尼的"太阳中心说"，即它们都是一个巨大的星体同一些小得多的星体体系联结在一起；所有的小成员都几乎是在一个平面上旋转。在木星系中，有一个最大的星体位于星系的中心，因此，在太阳系中也有一个体积最大的星体位于星系的中心。

这就是一个类比证明。伽利略把木星的卫星系和太阳系这两个对象放在一起进行类比，通过一个类比推理对"太阳系中也有一个体积最大的星体位于星系的中心”这个论题进行了证明。

由于类比推理的结论是或然的，所以类比证明不能在论据与论题间建立必然的逻辑联系，也属非严格的证明。但它生动明了、比较灵活，如果运用得当，也能因其深刻的启迪性而颇具说服力。在日常证明过程中，应以演绎证明为主，将演绎证明、归纳证明、类比证明结合起来运用，这样才能增强证明的论证性和说服力。

论证的方法是指证明过程中解释论题与论题间联系所采用的方法，包括直接论证和间接论证。直接论证是用论据正面论证论题，它是由真实论据直接推出论题的论证，而不是首先通过确定其他命题的虚假来间接论证论题的真实性。例如，证明命题“4 是偶数”，直接应用偶数的定义作为论据，某整数当且仅当能被 2 整除便是偶数。4 是整数并且能被 2 整除，所以 4 是偶数。

间接论证是通过论证与论题相关的其他论断为假，从而论证该论题为真的一种论证方式，可分为反证法和选言证法。

反证法是通过论证与原论题相矛盾的论题为假，来确定原论题为真的间接证明方法。例如，“我们必须大力发展教育，如果不这样，就不能满足高速发展的时代对各种人才的需要，就不能提高整个国家和民族的文化素质。”这个论证所用的方法就是反证法。它的论题是“我们必须大力发展教育”，为了确定这一论题的真实性，先假设了一个反论题“不大力发展教育”，然后从这一反论题出发，必然得出“不能满足高速发展的时代对各种人才的需要”“不能提高整个国家和民族的文化素质”。这就组成了一个充分条件假言命题，但其后件，即由反论题必然得出的结论，显然不是人们所希望的，应予以否定。根据充分条件假言推理的否定后件式，从而推出反论题“不大力发展教育”是假的，确定“我们必须大力发展教育”是真的。

选言证法是将与论题同时存在的可能情况一一列举出来，然后一一否定，从而证明所需要证明的论题为真。具体分为三步：1. 先列出与须证论题相关的其他所有可能成立的论题；2. 证明与须证论题相关的其他所有可能成立的论题为假；3. 运用选言推理的否定肯定式，推出须证论题为真。由此可见，选言证法实际上是“去伪存真”的过程，所以又叫作“排除法”。

以上介绍的证明方法，仅仅是实际进行证明时常用的几种方法。实际思维活动中的证明往往是比较复杂的，各种证明方式、方法常常互相补充、综合使用，因此我们要在熟悉和掌握它们的基础上，注意根据具体需要灵活地把握，恰当地运用。

哈佛逻辑精点

谁不想成就一番事业？达·芬奇画蒙娜丽莎之前，画作不止万千，据说，他画鸡蛋就画了好几天。莫泊桑的成名小说《羊脂球》，发表前曾被退稿四十几次，稿纸堆起来有书桌般高。爱迪生发明电灯，仅灯丝材料的试验就进行了一年多，不知试验了多少次。因此，要想成功就必须具有百折不挠的精神和坚持到底的勇气。请指出这段话的论题、论据和论证方式。

提示：论题并不一定在段落的开头。

用“反驳”的方式论证假命题

如果说论证是对某一论题的证实，那么反驳就是对某一论题的证伪。

如果把通常的证明称作“立论”，那么可以将反驳称为“驳论”。论证总是由论题、论据和论证方式组成，所以反驳也可以从这三方面入手，也就是驳斥对方的论题、论据和论证方式。

1. 反驳论题就是证明对方论题的虚假性。例如，“狐假虎威”是指仰仗或倚仗别人的威势来欺压人，通常含有贬义的色彩。可是我们反过来看，狐狸借助老虎的势力达到自己的目的，这不正是人们可以借鉴的一条通向成功的捷径吗？哈佛大学学子、微软创始人比尔 · 盖茨曾说过：“一个人永远不要靠自己一个人花 100% 的力量，而要靠 100 个人花每个人 1% 的力量。”借助别人的力量帮助自己获得成功，这才是聪明人的做法。

反驳论题是反驳的主要任务，因为一个论证中，论题是中心或核心，驳倒了论题，也就从根本上驳倒了对方的论证。

2. 反驳论据就是证明对方论据的虚假性。例如，汤姆被杀身亡，警方认定嫌疑人为迪克，理由是迪克曾与汤姆同路行走，而且在迪克家的地面和厨房都发现了血迹。因此，迪克被关押起来，等待出庭接受审判。迪克的辩护律师进行了多次调查取证，最终查明，汤姆被害地点与迪克的家距离足有 10 公里远，如果凶手是迪克，他作案后将汤姆的尸体移到 10 公里外的家里，从时间上算，是不现实的。至于迪克家里出现的几处血迹，经调查核实，地上的血迹是迪克妻子的，是其流鼻血所致；而厨房的血迹为动物血液。这样便排除了迪克的杀人嫌疑。

反驳论据是反驳的重要途径，因为论题是由真实的论据推导出来的，证明了对方论据的虚假，对方的论题也就失去了支撑。但是驳倒了对方的论据，并不等于驳倒了对方的论题，只能说明对方的论证还不成立，其论题的真实性还不能得到确认。论题的真实性不能确认，不等于论题必然虚假。

3. 反驳论证方式，就是指出对方的论据和论题之间没有逻辑联系，由此证明对方论题的真实性还不能够得到确认。例如，在一次案情分析会上，哈里警官认为已经锁定的嫌疑人就是该案件的作案人。他的理由是，从视频监控上可以明显看到作案人嘴角有一颗米粒大小的黑痣，而目前锁定的嫌疑人也恰恰拥有这一特征，所以他认定此人就是作案人。共同侦办此案的一名女警官琼斯却反驳道："如果是本案的作案人，则其嘴角必有一颗米粒大小的黑痣，但嘴角有一颗米粒大小黑痣的人不一定就是本案的作案人。哈里的推论犯了充分条件假言推理中由肯定后件而肯定前件的逻辑错误。"琼斯的这种反驳就属于反驳论证方式。

值得注意的是，驳倒了对方的论证方式，也不等于驳倒了对方的论题。它同样只能说明对方论题的真实性是待证的、可疑的，而不能确定对方的论题一定是虚假的。由此可见，在反驳论题、反驳论据、反驳论证方式三者之中，反驳论题是主要的。

反驳方式指反驳中所运用的或主要运用的推理形式，同样有演绎反驳、归纳反驳和类比反驳三种。反驳方法是揭示对方论题论据之间缺乏联系时所用的方法，分为直接反驳和间接反驳。

直接反驳是引用已知为真的命题来直接确定对方论题或论据虚假性的反驳方法。例如，"所有动物的血都是红的"是错误的。因为螃蟹是动物，但螃蟹的血就不是红的。这说明有的动物的血不是红的。

间接反驳是通过先确定对方论题的矛盾命题为真，然后来确定对方论题为假的反驳方法，包括独立证明和归谬反驳两种。独立证明反驳法其实就是一般所说的间接反驳法，即先证明被反驳对象的矛盾命题真，再根据矛盾律来确定被反驳对象假。归谬反驳是从被反驳的命题中引出虚假、荒谬的结论，进而确定被反驳命题虚假的间接反驳方式。

总之，我们在反驳的时候，可以通过反驳论题、论据或论证方式来进行。其中，反驳论题是反驳的主要着眼点，是最重要的，因为只要把对方的论题驳倒，对方的论证也就从根本上被否定了。当然，反驳论据和论证方式也有各自的作用。驳倒论据，可以说明对方没有给自己的论题提供可靠的事实、理论依据；驳倒论证方式说明对方没有给自己的论题提供可靠的逻辑根据。但驳倒了对方的论据或论证方式还不能从根本上否定对方的论题。

哈佛逻辑精点

中世纪的神学家曾宣称："上帝是全能的。"有人驳斥说："如果上帝能创造一块他自己举不起来的石头，那么上帝就不是全能的；如果上帝不能创造一块他自己举不起来的石头，那么上帝也不是全能的。或者上帝能创造一块他自己举不起来的石头，或者上帝不能创造一块他自己举不起来的石头。总之，上帝不会是全能的。"请分析这段话的反驳方式。

提示：应用二难推理直接反驳对方论题的虚假性。

论证要遵循的规则与规律

在对某个论题进行论证时，我们必须遵循一定的规律。在论证过程中，一个命题被证实为真，必须要有充足的理由，因此充足理由律是论证时需要遵循的规律。它之所以是论证的规律，在于它具有不以个人的意志为转移的必然性。不管你是否知道充足理由律，也不管你是否承认它，当你的命题确实被证实为真时，就一定是为它提供了充足的理由；反之，如果你没有为它提供充足的理由，也就不可能把论题确定为真。

充足理由律所提出的逻辑要求是，当人们进行论证时，必须为论题提供充足的理由。因此，充足理由律必须具备两个条件：一是理由必须真实，二是理由与论题之间有必然的逻辑联系。下面，我们通过两个例子来了解充足理由律。

1. 一位须发皆白的老人来到征兵处，对征兵人员说："我想报名参军。"工作人员从上到下打量了一下老人，对他说："您已经远远超过当兵的年龄了！"老人并没有退却，反而理直气壮地说："当兵也许是老了，可你们难道不缺将军吗？"

除非在战争时期，征兵向来有年龄限制，因此征兵人员告诉老人，他已经不符合当兵的条件了。可是老人曲解了这个含义，他扩大了"兵"的外延，把"将军"也囊括进去以反驳工作人员的说法。他用来支持反驳的论据是，征兵也需要征将军，而将军不受征兵年龄的限制。但是，显然，将军不属于士兵，征兵自然也就不包括将军。老人的论据是不成立的，违背了充足理由律中理由必须真实这个条件。

2. 在一场著名芭蕾舞剧的观众席上，一位男士轻轻拍了一下坐在他前排的一位女士，说道："对不起，您的帽子挡住了我的视线，请您摘下帽子。"然而，这位女士装作没听见的样子，并没有摘下帽子。男士再次示意她摘下帽子，并抱怨道："我花了 20 美元来看这场芭蕾舞剧，可是现在我什么都看不见了。"女士却若无其事地说道："为了这顶帽子，我花了 200 美元，我就是要让这里所有的人都能看见我的帽子。"

在这个论证中，男观众花了 20 美元买票看剧，因此他有权要求前面的女观众摘下帽子，以免挡住自己的视线。女观众却以自己想炫耀为理由拒绝了他的要求。在她的论据中，她花了200美元买了帽子，而不是买的看剧的票，因此跟争论的焦点没有一点儿关系，违背了充足理由律的条件之一，即论题与理由间要有必然联系。

在论证过程中，除了要遵循充足理由律外，还需要遵守以下规则：

1. 论题应当清楚确切。首先，论证者必须在思想上把论题弄清楚、弄确切，知道自己究竟要论证一个什么问题，要确认一个什么命题为真。其次，论证者必须把论题清楚、确切地表述出来，力求用词准确、恰当，避免使用容易引起歧义的词语。对于论题中出现的概念，能够准确揭示其内涵和外延。

2. 论题应当保持同一。在一个论证中，论题只能有一个，并且在整个论证中保持不变。违反这一规则，就会犯"偷换概念"的错误。例如，杰森的父亲生气地对他说："你竟敢背着我吸烟，我非给你点颜色看看不可！"杰森急忙求饶："爸爸，别打我，我保证从现在起，吸烟一定当着您的面。"显而易见，父亲的观点是，儿子不该有吸烟这种不良嗜好。可儿子通过移花接木的手法，把它曲解成"可以吸烟，但不能背着爸爸吸"，故意偷换论题。

3. 论据应当是真实命题。以虚假命题作论据，就要犯"虚假论据"的错误。明知某命题虚假，却引来作为论据，这是诡辩论者惯用的伎俩。例如，公交车上一位先生被一位女士用高跟鞋狠狠地踩了一脚，这位先生抱怨道："疼死了，你没看见我的脚吗？"那位女士却不以为然地说："别怪我啊，你想想，你的脚藏在鞋里，我哪能看得见啊！"这位先生听了后竟气得不知如何回答。

出门在外，人们的脚上一般都会穿着袜子和鞋子，因此，脚就是穿着袜子和鞋的脚，这已经成了共识。如果不小心踩到别人，只要诚恳地道歉，一般都会获得谅解，可是上例中那位女士却抛出自己的奇谈怪论，这显然是故意狡辩。谁不知道脚是穿在鞋子里的？难道还要去鞋子里面看脚吗？这就是一种利用虚假论据进行论证的诡辩。另外，如果以真实性并没有得到证实的命题作为论据，也同样会显得荒谬、不合逻辑。

4. 论据的真实性不应依赖论题的真实性。在一个具体论证中，论题的真实性是依赖于论据的真实性来进行论证的。如果论据的真实性又依赖于论题的真实性，那就等于该论题的真实性依赖于自身的真实性来论证，因此就等于没有进行论证。违反这一规则而产生的逻辑错误，称为“循环论证”。例如，一个瘦子问胖子：“你为什么这么胖？”胖子回答说：“因为我吃得多！”瘦子又问胖子：“那你为什么吃得多？”胖子回答说：“因为我长得胖！”

胖子的回答真是令人啼笑皆非。他回答瘦子的第一个问题时，是以“吃得多”为理由的，而他回答瘦子的第二个问题时，又以“长得胖”为理由。胖子的回答当然不能解答瘦子的疑问，这种论证就叫作“循环论证”，这种论证方式是说明不了任何问题的。

哈佛逻辑精点

一对父子围绕着“爸爸和儿子哪个更聪明”这个话题展开了一场辩论。儿子说：“儿子一定比爸爸聪明，因为创立‘相对论’的是爱因斯坦，而不是他的爸爸。”爸爸却说：“不对，爸爸一定比儿子聪明，因为创立‘相对论’的是爱因斯坦，而不是他的儿子。”请指出这段辩论中存在的逻辑错误。

提示：论题是否明确，界限是否清晰。

出人意料的悖论

一名囚犯被法官告知将于周一到周五间的某一天被执行绞刑。并且，法官特别声明，绞刑的具体日期是完全出人意料的。这个囚犯曾接触过逻辑学，因此非常聪明，他由此推断出绞刑一定不会安排在周五，因为如果在周五，那么前四天一过，他就知道绞刑的具体日期了。法官说过具体日期是完全出人意料的，他不会撒谎，因此执行的可能日期就剩下四天了。但依据同样的推理，如果前三天不执行，那么执行的日期就只剩下周四了，这也在人们的意料之中，因此，周四也被排除掉。以此类推，最终每一天都可以排除掉，于是，囚犯得出令人欣慰的结论，即他根本不会被绞死。可是，到了周二，法官却突然宣布执行绞刑，这大大出乎囚犯的意料，而法官也的确没有撒谎。

这个故事中，囚犯的推理看上去很合理，但结果是错误的，这就产生了悖论。从故事的推理中不难看出，“5”这个数字在认知悖论中并不具有实质意义，只是该悖论的“意外绞刑”涉及一周5个工作日。事实上，如果把5变成1，故事中的基本推理结构并不受影响。

哈佛大学数学家霍夫斯塔德认为，悖论是一个“怪圈”，是由“自我相关”导致的。这种“怪圈”不仅存在于数学和思维中，也存在于绘画和音乐中。悖论的产生与人类的认识水平是密切相关的。从哲学的高度看，悖论产生的根源在于客观世界所固有的矛盾。人的认识水平总是有限的，在认识世界时有很大的局限性和割离性。因此，当人们把这些割离开来的认识结合到一起时，就可能产生悖论。所以，德国哲学家康德就曾说过：“当人们的认识从感性、知性进入理性阶段时，必然陷入悖论。”

解决悖论需要创造性的思考，悖论的解决往往可以给人带来全新的观念和认识，为新知识的产生奠定重要的主观基础。所以，我们没有必要将悖论视为洪水猛兽，而应该重视对悖论的方法论意义的研究，自觉使用这种方法，不断发现和提出新的悖论，以促进自然科学的进一步发展。

哈佛逻辑精点

一个大奴隶主拥有一座庄园，占了很大一片地方。他蛮横地规定这座庄园里面不许任何人通过，如果有人走进庄园，就要被抓起来。他会审问被抓的人：“进入庄园干什么？”对方的回答等于亲自制定对自己的处罚方法：如果回答的是真话，就要被砍头；如果回答的是假话，就要被绞死。这个残暴的奴隶主据此害死了许许多多无辜的人。

有一次，一个聪明的人不慎被他抓到，奴隶主问他：“你是来干什么的？”

聪明人回答：“我是来让你绞死的！”

奴隶主想了想，既不能将他砍头，又不能将他绞死，只好把他放了。这个人的回答为什么能够帮助他死里逃生呢？

提示：奴隶主分别假设聪明人说的是真话和假话两种情形，推论出两种情形下分别适用的处罚，对照他的回答，便会发现矛盾。

Lesson 6

逻辑规律：不合逻辑的思维，再好也没意义

逻辑规律就是反映思维形式之间必然联系的规律。普通逻辑学的基本规律是抽象思维中逻辑形式的基本规律，包括同一律、矛盾律和排中律。基本逻辑规律不是人们约定俗成的，也不是体现任何意志的规定，它是科学规律，是人们在长期的实践活动中对思维活动一般规律的总结和认识。正确的思维活动和论辩一定是符合基本逻辑规律的，不符合基本逻辑规律的思维和论辩一定是不正确的。

混淆概念必然产生分歧

有位理发师最近经常为一件事感到头疼——有一个游手好闲的无赖总来找他理发，却从来不给钱。理发师每次问他要钱，这个人总是找借口推托，有时还装出一副很生气的样子。因害怕这个无赖惹出事端，影响自己的生意，所以理发师每次都忍气吞声，但他决定想个办法狠狠整治这个人一下。

一天，这个游手好闲的无赖又来理发了，理发师依旧心平气和地先给他剃光了头，然后给他刮脸。这时，理发师问道："请问先生，您要眉毛吗？"

无赖不耐烦地说："当然要，这还用问！"

"好，那我就给您！"理发师一边说着，一边嗖嗖几刀下去，便把这个人的眉毛刮了下来，递到他的手里。无赖看到自己的眉毛被刮掉，顿时气红了脸，大声责怪理发师为什么要这么做。理发师却不慌不忙地说："刚才我问过您，您说要眉毛的！"无赖听了后气得说不出话来。于是，理发师又问："那么请问您要不要胡子？"

"不要，不要！"无赖连忙说。

"好，您不要就不要。"理发师一边说，一边又嗖嗖几刀，把他的胡子刮下来，甩在地上。刮完之后，理发师拿出镜子让无赖看，只见镜子里的人脑袋和脸都刮得精光，简直就像个光溜溜的西瓜。

这个故事里，理发师采用的手段是偷换概念，偷换了"要"的意义。那个无赖先说"要"，是指"脸上需要"，理发师却偷换成了"手里要"。之后，无赖说的"不要"是指"手里不要"，理发师却偷换成"脸上不需要”。当然，理发师是故意惩罚不懂逻辑的无赖，但其实他违反了逻辑学里的同一律。

同一律是形式逻辑的基本规律之一，就是在同一思维过程中，必须在同一意义上使用概念和判断，不能混淆不相同的概念和判断。在同一思维过程中，每一个思维总是跟自身同一，这是毋庸置疑的，它不依赖于人的主观意识存在，更不会随某个人的主观意志的变化而变化。这种必然性和客观性是被人所认识的客观存在。因此，正确的思维活动一定是遵循同一律的，违反同一律就会出现逻辑错误。

从概念方面说，同一律要求同一思维过程中所运用的每一概念其内涵和外延都必须是确定的。把不同概念当作同一概念使用所犯的逻辑错误，无意识而犯的叫作“混淆概念”，有意识而犯的叫作“偷换概念”。

从判断方面说，同一律要求同一思维过程中所作出的每一个判断，其含义必须是确定、同一、前后一致的。把不同论题（判断或命题）当作同一论题所犯的逻辑错误，无意识导致的叫作“转移论题”，故意用某一论题暗中代替原论题的叫作“偷换论题”。例如，汤姆说：“迪克，你批评别人往往简单粗暴，以后要注意点。”迪克却反驳说：“公民都有批评的权利，难道我没有吗？伟人都赞成批评与自我批评，难道你不赞成吗？”迪克的回答是在强词夺理，可以认为他是在偷换论题。

转移论题或偷换论题的逻辑错误，在实际思维中往往表现为偏离中心、文不对题、避而不谈、答非所问，甚至节外生枝、各执一端等。

哈佛逻辑精点

一个律师家的狗偷吃了肉店里的一块肉，肉店老板决定去找律师理论。见到律师，老板便问他：“一只狗偷吃了别人家的东西是不是要这只狗的主人来赔钱？”

“这是当然的。”律师随口答道。

听了律师的回答，老板高兴极了，马上向律师伸出一只手，说：“那么就请你付给我10法郎吧，因为你的狗偷吃了我店里的一块肉。”

“好，我同意。不过你必须先付给我15法郎的诉讼费，扣除我赔你的10法郎后，你还应当付给我5法郎。”

律师本来要赔钱的，可是经他这么一说，不但不需要赔钱，反倒要让受损害的肉店老板付钱给他。律师在这里使用的诡辩手法违反了什么逻辑规律？

提示：律师用的手段是偷换概念。

思维的对象要确定

某报纸曾登载了这样一段文字：“美术是生活中必不可少的，大自然就像图画一样艳丽、壮美。人们美的外表、美的心灵、美的生活、美的世界也像画一样使人心旷神怡，陶醉在这优美的情境中。”

第一句“美术是生活中必不可少的”，当然是作者学美术的体会，而下文应该具体说明作者这一点体会。但是，作者在下文中却说了各种各样的美，如大自然的美、人们外表的美、心灵的美、生活的美和世界的美。美和美术有联系，但并不是一回事。列举各种各样的美，并不能说明“美术是生活中必不可少的”。这一段话最明显的错误就是文不对题。

从逻辑上说，这是思维的对象不确定的一种表现，也是违反同一律的一种表现。思维的对象要确定，是形式逻辑中同一律的基本要求，而其中首要的一点，就是人们在进行思维活动的时候，要确定自己所想的是个什么问题，不要把这个问题换成那个问题。在表达思想的时候，当然也是这样。在上面的案例中，作者的思维活动没有针对预定的对象展开，而在提出这个对象以后，马上就离开这个对象，想到别的地方去了。这样，预定的思维对象完全落了空。

我们说文要对题，这里的“题”就是指预定的思维对象。如果不遵守“思维的对象要确定”这一规则，不但一段话有可能文不对题，而且整篇文章都有可能文不对题。例如，某医院的注射室里张贴着一份《注射室消毒制度》，共有十条。其中有七条讲的与消毒有关，还有三条则与消毒无关，后者分别为“必须根据医生开的注射单注射”“必须了解病人情况，进行必要的解释，消除疑虑”“注射前要查对药名、剂量，检查有无浑浊、过期等情况”。这些规定本身没有错误，但是写到《注射室消毒制度》里去，明显文不对题而显得多余了。

《注射室消毒制度》里为什么会出现这些多余的话？从逻辑上说，就是因为制定者在考虑消毒制度的过程中没有保持思维对象的确定性，想到别的地方去了。这种逻辑错误可以叫作“节外生枝”，它不是完全文不对题，而是在一个思维对象提出后，并没有始终针对这个对象进行表述，有时想到别的地方去了。

一般来说，想到与主题根本不相干的地方去是不大可能的，那些离题的枝蔓往往与主干有某种关联。上述《注射室消毒制度》中的枝蔓，就是因为它们和消毒同属于注射室的工作范围而被拉进去的。

世界上的事物之间存在着千丝万缕的关联。思考一个问题的时候，适当联系到与此有关、有助于解决该问题的其他问题是有必要的，这不叫节外生枝。在这种情况下，要避免产生节外生枝的逻辑错误关键在于把握住由此及彼的界限。首先，我们要牢记和紧扣原来的思维对象，始终不离开这个立足点和出发点；其次，判断有关联的内容是否和原来的思维对象密切相关，并有助于理解和说明该对象；最后，必要的由此及彼应当适可而止，不要大做文章。

哈佛逻辑精点

A：“我们今天就去一次书店吧，到明天，我们要买的那本书可能被卖掉了。”

B：“不，不可能被卖掉的。”

第二天，那本书没有被卖掉。根据这个情况，B就说：“看到没有，你还说它会被卖掉呢！”

请问：在这一争论中，A和B有无错误？如果有，是什么错误？

提示：同一律要求思维具有确定性是就同一思维过程而言的。所谓同一思维过程，是指同一对象、同一时间、同一关系。

自相矛盾者的窘境

古时候，楚国有个卖矛和盾的商人。有一天，他来到集市上大声叫卖，先是夸自己的盾说：“我的盾坚固无比，无论多么锋利的矛都刺不破它。”不一会儿，他又开始夸自己的矛说：“我的矛非常锐利，无坚不摧，无论多么坚固的盾都能刺破。”这时，有人问他：“那么用你的矛去刺你的盾，结果会怎么样呢？”商人一时语塞，不知如何回答。

矛和盾是古代的两种兵器，矛是用来进攻刺杀敌人的，而盾是用来抵挡矛的刺杀保护自己的。“什么也刺不破的盾”和“什么也刺得破的矛”，是不可能同时存在的。显然，卖矛和盾的商人存在两个互相否定的思想，这两个思想中必有一假。从逻辑上说，他违反了矛盾律，难怪被问得哑口无言。

矛盾律的基本内容是在同一个思维或论辩过程中，两个互相否定的思想不能同时为真。也就是说，对同一个对象的肯定和否定不能同时为真，必有一个断定是假的。矛盾律具有必然性和客观性，是人们对客观世界规律性的认识和反映。一个事物不能同时是且不是某物，不能同时“具有”且“不具有”某种性质，这在客观世界中是必然的。

从矛盾律的内容可以看出，矛盾律在逻辑上要求我们在同一个思维过程或论辩过程中，不能同时承认互相否定的两个命题是真的。也就是说，同一时间、同一关系下，对同一对象的同一方面，如果两个命题具有矛盾关系或者反对关系，那么不能承认这两个命题同时为真。如果违反这一要求，就会犯“自相矛盾”的逻辑错误。例如，我们不能用“本地人”和“外地人”去指称同一个人，也不能用“自杀”和“他杀”同时断定某人的死因。像这种明显的逻辑矛盾，在实际思维中容易避免，但在日常生活中经常会出现一些比较隐晦的逻辑矛盾，在实际思维中须格外注意。例如，孪生三姐妹个个出落得如花似玉。其中，“孪生”即双胞胎，与“三姐妹”相矛盾。

矛盾律的作用主要在于保证思维的无矛盾性，即首尾一贯性。无矛盾性也是正确思维的一个必不可少的基本条件。无论何时何地，对待何种问题，如果不能在同一思维过程中保持思维的无矛盾性，那么就不能正确地认识现实。

从建立科学体系的角度看，任何一种科学理论，如果包含有逻辑矛盾，那么这一理论即使不是难以成立，至少也是不够科学、严密、可靠的。矛盾律也是揭露谬误和反击诡辩的有力武器。谬误和诡辩往往会在貌似正确的假象下掩盖错误的思想和无效的表述，这些错误的思想和无效的表述中就包含逻辑矛盾。尤其是诡辩论者，既想极力回避事实又无法完全不顾事实，于是他们就常对同一个事实时而承认时而否认，或者表面上肯定实际上否定，以致不可避免地陷入自相矛盾中。这时，运用矛盾律指出其思想首尾不一贯的地方，就能作为一种重要的反驳方法有力地揭示谬误并驳斥诡辩。

矛盾律虽然是正确思维和有效表述的必要条件之一，但也必须指出，它跟同一律一样，也只能在思维领域中起作用。因此，我们在运用矛盾律的时候，还应该做到以下两点：

1. 严格区分逻辑矛盾和辩证矛盾。辩证矛盾是由两个对立面组成的统一体，它存在于自然界和社会的一切事物以及人们的思维之中，是事物发展的动力和源泉。辩证矛盾可以笼统地分为现实存在的矛盾和思想体系间的矛盾，其中，现实存在的矛盾是客观事物自身固有的矛盾，即事物自身所包含的对立面的斗争和统一。辩证矛盾的这两种矛盾都是客观存在、不能避免的，因此，辩证矛盾不能像逻辑矛盾那样可以人为地加以排除。而逻辑矛盾是人在思维过程中违反矛盾律造成的，它不仅可以避免和排除，而且必须加以避免和排除。由此可见，我们不能将逻辑矛盾和辩证矛盾混为一谈。

2. 要注意矛盾律的条件性。矛盾律不仅不否认客观事物的内在矛盾，而且也不否认反映客观事物的思想认识上的矛盾。矛盾律的运用是有条件的，它要求在同一时间、同一关系下对同一事物不能作出两个相反的判断。离开这“三同”，便谈不上违反矛盾律。例如，对同一套设备或同一种观念，若干年前断定它是先进的，若干年后断定它是落后的。这两个互相否定的论断就可以都是真的。

哈佛逻辑精点

一位经常劫富济贫的侠客决定打劫一位大财主，但是这位财主雇用了很多保镖，如果硬碰硬的话，侠客并没有成功的把握，于是他想出了一个很好的计策。一天，他借来几两黄金，在财主家附近的空地上筛起金子来。不一会儿，财主带着众多保镖外出，看见侠客的举动觉得很奇怪，便上前问道："喂，你这是干什么呢？"

"先生，我正在种金子呢！"侠客回答说。

财主听了十分好奇，又问道："快告诉我，种了金子会有收成吗？"

"当然有啊，过一个星期就可以收割，把长出来的金子收回来。"侠客说。

财主一听分外眼红，他想：有这么好的事，我可不能错过。于是他笑着与侠客商量："你种这点金子能发多大的财啊？要种就多种点。如果种子不够，我可以给你啊，我有的是金子，等你种出来，给我八成就行了。"

"那太好了，先生！"侠客满口答应。

不一会儿，侠客便到财主家拿了10镑黄金。一个星期之后，他给财主送去了18镑黄金。财主打开口袋一看，金光闪闪，十分耀眼，他乐得合不拢嘴，于是立即吩咐手下，把库里存的几箱金子全都搬出来交给侠客。侠客找来马车，将金子运回家，全都分给了当地的穷苦人。

一个星期过去后，侠客空着手来到财主家。财主见他愁眉苦脸，着急地问道："金子呢？需要大车去运吗？"

侠客忽然哭了起来，说："真倒霉啊，你不见这几天一滴雨也没下吗？咱们的金子全都干死了！别说收成，连种子也赔了！"

财主听了，气得扑了过来，抓住侠客的衣服高声骂道："胡说八道，我不相信你的鬼话，你想骗谁？金子哪有干死的！"

侠客说："这就奇怪了，你要是不相信金子会干死，怎么又相信金子种上了能长呢？"财主的嘴巴就像塞了一团棉花，张得大大的却说不出话来。你知道这是什么原因吗?

提示：侠客将财主拉到了自相矛盾的窘境。

"模棱两不可"的逻辑错误

英国戏剧家莎士比亚的著作《威尼斯商人》中有这样一个情节：

富家少女鲍西娅不仅拥有绝世的姿容，而且拥有卓越的才能，许多王公贵族纷纷前来向她求婚。但是，鲍西娅自己并没有选择丈夫的自由，她的亡父在遗嘱里规定要猜匣为婚。鲍西娅有三只匣子，分别为金匣子、银匣子和铅匣子，三只匣子上分别刻着三句话。在这三只匣子中，只有一只匣子里放着一张鲍西娅的肖像。鲍西娅许诺：如果有哪一个求婚者能通过这三句话，猜中肖像放在哪只匣子里，她就嫁给这个人。

金匣子上刻的一句话是：肖像不在此匣中。

银匣子上刻的一句话是：肖像在金匣中。

铅匣子上刻的一句话是：肖像不在此匣中。

同时，旁边一张纸上写着：这三句话中只有一句是真话。

许多男子慕名而来，但一个接着一个都猜错了，后来聪明而英俊的巴萨尼奥来求婚了，他看了看三只匣子和纸上的话，稍作思考，就对鲍西娅说："您的肖像在铅匣子里。"鲍西娅微微点头，然后问他是怎么猜中的。巴萨尼奥说："金匣子上面的话与银匣子上面的话是互相矛盾的，不可能都是假话，其中必有一句是真话；而纸上说三句中只有一句是真话，那么，这唯一的真话必然是金匣子和银匣子上的两句话之一，由此可知，铅匣子上的话只能是一句假话，而铅匣子上的话是'肖像不在此匣中'。既然这句话是假的，那么肖像一定在此匣中。"

巴萨尼奥的回答是正确的，因此他赢得了鲍西娅的芳心。他的猜测过程，正是运用了逻辑学中称之为排中律的规律。排中律的基本内容是在同一个思维过程中，两个互相矛盾的思想不能都假，必有真。也就是说，对同一个对象的肯定和否定不能同时为假。例如，"安娜在哈佛大学读书"和"安娜不在哈佛大学读书"这两个命题，它们是互相矛盾的，所以这两个命题不可能同时都是假的，必有一个是真的。换言之，否定了其中的一个，就必须肯定另一个，不能既不承认一个命题为真，也不承认另一个命题为真，否则就会犯"模棱两不可"的逻辑错误。

"模棱两不可"就是表现为对两个互相矛盾的思想不作明确的肯定或否定，企图在是非真假之间找到并不存在的第三种可能性，因而它是错误的。例如，"本案的量刑，有人说恰当，有人说过重，有人说过轻。我说，他们的看法都不准确。"这句话中量刑过重或量刑过轻都属于量刑不恰当，在同一思维过程中，既否定"量刑恰当"，又否定"量刑不恰当"，显然犯了"模棱两不可"的错误。

排中律也只是逻辑思维的规律，它只要求在同一思维过程中对两个互相矛盾的思想作出非此即彼的明确选择。因此，在运用排中律的时候，不仅要在"同一思维过程"中，而且还要注意它的适用范围，即做到以下几点：

1. 对不具备矛盾关系的事物同时否定，不违反排中律。例如，“比赛的结果是：我们既没有赢，也没有输。”“这朵花的颜色既不是红色，也不是白色。”客观事物确实存在两种以上的情况或中间状态，只否定对立的情况并没有违反排中律。

2. 对尚未确认或不便确认的事物不明确表态，不违反排中律。例如，“对于是否有外星人的存在，我无法断定。”“对于是否即将有新政策出台，恕我无可奉告。”当人们由于种种原因，不能、不想或不便在二者之间作出抉择的时候，即不予确认或不置可否的时候，不能视作违反排中律，当然也就不能从逻辑方面加以指责。

3. 对复杂问语不作正面回答，不违反排中律。所谓“复杂问语”，是一种以对方不具有或不能接受的答案为预设的不正当问语。例如，问一个从没有去过哈佛的人：“你现在还在哈佛读书吗？”对方无论作出肯定或否定的回答，都隐含着“曾在哈佛读过书”的判断，这就是复杂问语。对此，回答“是”或“不是”都等于承认问者的预设，因而不能将复杂问语视同矛盾关系的思想作出非此即彼的正面答复。

哈佛逻辑精点

A、B、C、D四个学生中，不知是谁偷偷修好了教室里的坏桌椅。老师问他们，他们却调皮地说了下面几句话：

A说：“不是我做的。”

B说：“是C做的。”

C说：“是D做的。”

D说：“C是瞎说的。”

在老师的追问下，他们承认上面四个人讲的话中，只有一个人说假话。那么，做好事不留名的同学是谁呢？说假话的又是谁呢？

提示：参考巴萨尼奥猜匣子的推理过程。

普通逻辑规律之间的关系

同一律、矛盾律和排中律都是保证人们的思想具有确定性的规律。同一律从思维形式自身同一的角度出发，要求人们在同一思维过程中保持思想的同一性；矛盾律从思维形式不相容关系的角度出发，要求人们在同一思维过程中保持思想的前后一贯性；排中律从思维形式之间必须选取的角度出发，要求人们在同一思维过程中保持思想的明确性。三条规律互相联系、互相补充，它们总的职能和目的是完全一致的。

同一律、矛盾律和排中律的区别主要表现在以下几个方面：

1. 各自的基本内容不同。同一律是从要求保持思想的同一性来体现思维的确定性，思维方向是由真推真或由假推假；矛盾律从要求排除思维中的逻辑矛盾来达到思维的确定性，思维方向是由真推假；排中律从要求互相矛盾的思维形式中必有一真来达到思维的确定性，思维方向是由假推真。

2. 各自的适用范围不同。同一律适用于每一个思想自身，强调真就是真，假就是假；矛盾律既适用于互相矛盾的思想，又适用于互相反对的思想，强调二者不可同真，其中必有一假；排中律只适用于互相矛盾的思想，不适用于互相反对的思想，强调二者不可同假，其中必有一真。

3. 违反逻辑要求所犯的逻辑错误不同。违反同一律要求的逻辑错误是混淆（或偷换）概念与转移（或偷换）论题；违反矛盾律要求的逻辑错误是自相矛盾；违反排中律要求的逻辑错误是模棱两不可。

与同一律、矛盾律和排中律关系较为密切的一条规律叫充足理由律。充足理由律是指在一个推理或论证过程中，一个被确定为真的判断，必须具有充足的理由。作为理由的判断，不仅要真实，还要能够必然推出被确定为真的判断。例如，“并非所有的青年人都是大学生，因为有的青年人不是大学生。”被确定为真的判断是“并非所有青年人都是大学生”，作为理由的判断是“有的青年人不是大学生”，这个理由是一个真实的判断，并且由它的真，根据对当关系，可以必然推出前一个判断的真，符合充足理由律。

从人们的表达思想来看，不但要有表述，而且要有论证。同一律、矛盾律和排中律是思维确定性的规律，充足理由律是思维论证性的规律。而保证思维的确定性是思维论证性的必要条件，思想不确定，何谈论证？因此，在论证过程中，如果违反了同一律、矛盾律和排中律，必然不能进行有效论证；反之，一个没有充分论证的思想，从逻辑上看，其真实性是不能确定的。因此，充足理由律作为一条正确思维的基本规律，对日常思维的表述和论证都是必不可少的。

根据充足理由律的基本内容，它的逻辑要求是：在一个论证过程中，被确定为真的判断必须有充分的根据。也就是说，有两点要求：一要真实；二要在理由与推断之间具有必然的逻辑联系，由理由能推出被确定为真的判断。如果违反了第一点要求，就会犯虚假理由的逻辑错误；如果违反了第二点要求，就会犯推不出来的逻辑错误。例如，“他一定是个人才，因为他在海外留过学。”这个例子的理由是“他在海外留过学”和“在海外留过学的都是人才”（隐含），理由虚假，因此不是充足理由。

哈佛逻辑精点

瓜达卢佩船船长拉巴都要工人霍苏埃与其合伙走私商品，霍苏埃不答应，并与船长发生搏斗。船长失足落海，被鲨鱼吞食。船长老婆向法院起诉霍苏埃谋杀拉巴都。为此，法官决定开庭审判。

审判长问霍苏埃："你对被害人是否早就怀恨在心？"

"不是被害人，因为这并不是一桩犯罪行为，而是一起意外事故。"霍苏埃纠正审判长的说法。

审判长对霍苏埃的回答很不满意，他生气地说："你只要回答问题，不得无礼。这里使用什么词是我的事。不管是否确定有罪，你都是被告人。"

霍苏埃只好回答说："我从来没有想过是否怀恨在心，审判长先生。"请问，霍苏埃的回答是否违反排中律？

提示：无论回答"是"或"不是"，都等于无形中承认"船长是被害人"和"对船长怀恨在心"这样的事实。

应用篇

Lesson 7

做人逻辑："人"字很好写，做起来不简单

"人"字一撇一捺，写起来虽然容易，但是如果不明白做人的逻辑和技巧，想把人做好则十分困难。会做人，做好人，才能行得正、走得远，充分体现自我人生价值，这就是做人的逻辑。哈佛大学哲学博士、中国现代语言学先驱赵元任说："品德是成功人生的基石。"即使资历不深、毫无背景，只要拥有良好的品德和修养，你便能够收获信任、提升人气，潇洒自在地游走于各色人物之间。此外，你还要提高自己的应变能力，只要稍动脑筋，便可以经营出美好的人生。

不想处于弱势，就要学会示弱

海滩上生活的小螃蟹常常是海鸟的猎物，它们一旦离开大海，就会很容易被鸟类捕获。但是科学家惊喜地发现了两种性格迥异的蓝甲蟹：一种喜欢逞能斗狠，经常明目张胆地在海滩的沙地上横行霸道，往来厮杀，结果在交战中伤亡惨重，而暴露行踪之后又会被海鸟啄食一部分，所以这类蓝甲蟹最终濒临灭绝；而另一种性格温和，懂得保护自己，远远地看见挑衅者就会主动让开逃走，很少会发生冲突，而且看到海鸟时就会翻转身体装死，与沙滩混为一体，一动不动，而不是张牙舞爪地反抗，所以它们常常可以躲过海鸟的利嘴，生命力始终非常旺盛，在自然进化中也堪称强者。

高耸的大树能够率先吸收阳光雨露，却也最容易被大风吹折；低伏的小草被压制在丛林之中，却更能傲立风霜。强与弱从来就不是绝对的，强者通常要面临一山还比一山高的压力，弱者则有比上不足比下有余的心理优势。但是无论强弱，人们在一定程度上都具有成为弱者的风险，都会在特定场合处于弱势地位。因此，人们必须学会保护自己，而常见的方法就是主动示弱。

在这个充满竞争的时代，大家都懂得“不甘示弱”，老师们也会经常教育学生，在做某件事的时候，不要落在别人后面，不要甘于表现出自己比别人差。但是，这并不是让学生们逞强、与别人较量，炫耀才华、显露聪明都含有一些意气用事的意味，这对一个人的发展是没有好处的。相反，适时保持低调、学会示弱，这样才会更融洽。

维多利亚女王作为英国的最高统治者，地位无比尊贵，仅从这一点而言，她的丈夫阿尔伯特尽管是公爵的儿子，但是无疑比她逊色许多。不过维多利亚是一个聪明的女人，她知道如何去维持家庭关系和夫妻关系，从来不会在丈夫面前展示自己强悍精明的一面，而是经常保持一个娇弱的妻子形象，这样就给予了丈夫更多的尊严。

某次两人因为政治观点上的分歧发生了激烈争吵，结果阿尔伯特生气地将房门反锁起来，等到维多利亚女王想休息的时候，丈夫始终不开门，还故意问门外的人是谁。一开始，疲惫的维多利亚女王随口说道："英国女王。"结果门没有开，于是她只好继续敲门，这次丈夫又问，她只能回答："是我，维多利亚。"可是门依然没有开，维多利亚女王意识到自己言语的失当，锐气太重，于是丈夫第三次提问时，她娇弱地回答："您的妻子。"结果门很快就打开了，丈夫也怒气全消。

聪明且强大的维多利亚适时地向丈夫示弱，就是一种糊涂做人的手段和境界，实际上以她的地位和声望，即便逼迫丈夫开门，也不是什么难事，完全没有必要低头服软，但是夫妻关系就此可能变得更加糟糕，维多利亚女王或许也就不会得到幸福美好的婚姻生活。

示弱是一种生存智慧，更是一种获取成功的手段。如果你是强者，适当地示弱，不但不会因此降低身份，反而能够赢得别人的钦佩和敬重；如果你不是强者，适当地示弱，虽是一种真实的表达，却会让人觉得你很坦诚，从而变得欣赏你。所以，不管什么人，偶尔的示弱都会使自己更"接地气"。

很多人进入一个新的工作单位，往往会急于展示自己的才能和实力，希望能尽快得到他人的认可和刮目相看，因而表现得太过锋芒毕露。这样做的后果只会适得其反，让人觉得你很自负，从而对你感到厌烦。事实上，这种以自我为中心、个人至上的思想，无疑是人为地在自己和新同事之间设置了难以跨越的鸿沟。所以，在新的环境下，唯有适时示弱，把姿态放低一点，才能树立好的形象，赢得大家的好感与信任。

但是，示弱也是有底线的，应偶尔为之。经常性地或者时时处处都示弱会让人看不起。虽然你不可能事事优秀，但总要有个拿得出手的才行，这样才会让人觉得你是一个有价值的人。

哈佛逻辑精点

聪明的哈佛人认为，人应该保持谦逊、学会示弱，因为无论对于强者还是对于弱者，这样都会有所收获。谦虚低调、适时示弱是一种生存智慧，更是一种获取成功的手段。所以，不要表现得那么光芒万丈、咄咄逼人，而要做一个有柔软度的、亲和的“强者”。一旦以弱者的姿态行事，你在别人心目中的形象也就变得谦虚谨慎，对方也会乐意接受。如此一来，强者更强，弱者也能从中找到心理平衡。

别让他人的舌头左右自己

越是成功的人越容易遭人妒忌，很多成功人士都免不了受人非议。如何锻炼学子们面对各种各样的流言、非议便成了教育中的重要一项。有关这一点，那些深谙世事的智者只给了所有学子一句建议：“不要让他人的舌头左右你的人生。”

有人的地方便会有流言，而且相同的信息重复接收便会让人产生信任感，正所谓“谎言千遍成真理”，流言的口口相传令其可信度不断提升。流言不仅会对个人幸福造成破坏，还会演变成信念大厦上的蛀虫。它会诱发冲突，导致不信任，从而使矛盾激化。对于个体而言，流言会直接导致其愤怒的不良情绪。

切尔·威廉是一位才华横溢的年轻人，从哈佛毕业以后，他一直在加利福尼亚经商。几年后，他开始将工作重心投向政界，并准备竞选州参议员。由于威廉本身极有资历，再加上多年经商期间，他一直热心公益，所以在竞选中有着极大的优势。

但此时，竞争对手们也开始在暗地里进行操作，期望以此来降低威廉的信誉度。很快，一个极小但极有影响力的谣言渐渐地在选民中散开了，谣言的内容很简单，说威廉在毕业后到某个学校担任过一段时间的老师，并在此期间与一位年轻的有夫之妇保持着暧昧的关系。

有逻辑思维的人一看便知道，这完全是竞争对手在故意干扰选民的视线，希望通过这种手段来降低威廉未来赢得选票的可能。而对手的意图也非常简单，就是一旦谣言传播开来，人们便会质疑威廉的生活作风问题，威廉必然会因受到凭空的诬蔑而怒不可遏，迫不及待地想要站出来为自己的清白进行辩护，如此一来，人们便会对此事抱有更大的怀疑。

刚开始的时候，威廉的确上钩了，他气急败坏，并一度想要召开新闻发布会，为自己辩解，还准备对那些谣言传播者进行严厉的谴责。有那么一段时间，他完全失去了自己本来的风度。

幸而，在威廉准备采取行动时，他的大学导师听说了此事，并及时给他打电话说："若你没有做，根本不需要理会。你为什么要让别人的舌头来左右你的人生？"导师的话让威廉迅速冷静下来。在随后的几天时间里，他一直保持着轻松的心态，若无其事地参加各种派对，与同事和选民谈笑风生，而对谣言之事绝口不提。这下，谣言制造者们开始着急了，他们不知道威廉的葫芦里到底卖的什么药。

很快，选举的日子到了。面对广大选民，竞争对手当众将谣言搬出，指责威廉缺乏必要的道德观念，根本没有资格担任州参议员。对方先发制人，威廉却只是风趣地回应道："不知道是谁走漏了风声？只不过那位女士那时并未成婚，还是单身，我为了追到她可吃了不少苦头！如今，她早已是有夫之妇，而且她的丈夫正在对着你们说话。我不得不承认，现在的记者真的很厉害！"

威廉幽默的话语使他轻轻松松便度过了危机，随后，在竞选中，他毫无悬念地赢得了最高票数，成功地进入参议院。

很多人在面对不实的指责时，总是会抱着"清者自清"的信念，只要有人过问，总是采取"无可奉告"的态度。但是，由于人类所特有的"补空心理"，世人总会对不确切的事情予以格外的关注。沉默不语往往会让公众对沉默者产生不确定感，令人们误以为当事人试图掩盖什么，或者有什么"难言之隐"。所以，当你发现自己被谣言缠身时，你可以暂时沉默，但是在最适当的时候，你应该在公众面前进行最直接的回应。

哈佛逻辑精点

当你发现自己陷入"有嘴说不清"的窘迫境地时，你可以选择一个中立的、可靠的第三方站出来，帮助自己说话，他会让你的反驳如虎添翼。此外，在辟谣时，你还应注意，要将详尽的信息说清，把来龙去脉细细地道出，否则，你唐突地说自己是"清白"的，反而会让人们心生疑惑。总之，不让他人的言论来左右你的言行，你便不会迷失在他人的言语世界里。

会吃亏是睿智，能吃亏是境界

每个人都有趋利避害的本能，很少有人愿意主动吃亏，但是一味趋利的做法未必总是正确的，而吃亏也并非总是坏事情。很多时候，人要懂得吃亏，甚至要主动吃亏。一个人吃了亏，表面上看不到任何好处，但是从更深层次来说，能够获得许多利益。

当我们面对竞争对手时，总是会不可避免地产生利益上的纠纷，没有人会轻易让出自己的利益，没有人愿意受到一点儿损失，但是实际上吃亏并不意味着失势，完全可以看作一种暂时的退让策略，对于长远的竞争反而有利。当我们面对强大的对手时，更应该懂得适时吃亏，不愿意吃亏的人可能会因此遭受更大的伤害和损失，从长远来看，一时的吃亏、忍辱和示弱是非常有必要的，这是一种有效的自我保护方式。

吃亏可以看作是一种包容的手段。当你懂得坦然地原谅别人的无礼举动后，对方也许会因为你的大度而感到惭愧，双方之间原本的仇怨和矛盾冲突反而会消弭殆尽。很多时候，吃亏是缓解矛盾甚至是赢得尊重的重要方法，能够确保自己得到一个更加稳定安全的生存和发展环境。

生活中，人们对"吃亏"二字很是敏感，好像一不小心被它沾上，就会成为倒霉鬼。而对于那些吃了亏的人，人们的眼神总是充满了怜悯。其实，凡事有得必有失，吃点亏，未必就不是好事。

尤其在职场中，新人往往单纯而直爽，说话常常有口无心。对于他们来说，小人不但会将他们的无心之语当作把柄拿捏在手，更会在他们前进的道路上设置重重障碍，让他们防不胜防。

年轻女孩莫莉单纯直爽、毫无心机，一起共事的搭档没少欺负她，脏活累活都扔给她不说，还常在老板面前故作勤奋状，而将她贬得一钱不值。但莫莉没有理会搭档的挑衅，不但工作起来更加卖力，而且不断地充实自己。

一天，主管心血来潮，要对所有的员工进行能力测试。勤奋努力的莫莉自然脱颖而出，而搭档滑头的伎俩也不攻自破。

其实，所谓小人大多只是善于暗地使绊，要知道，无论如何，他都一定不是你的对手。试想，他们把大量的时间都用来对付身边的同事，哪里还有多余的精力用来工作，用来积累经验呢？

因此，只要你埋头关注手中的事情，即使让小人偶尔占了便宜，也未必是一件吃亏的事情。相反，你若能够适时借用小人的力量，还能出其不意，让那些等着看戏的小人哑口无言。

当我们面对小人的时候，适当吃亏，也算得上是一种福气了。能吃亏的人，其度量一定不会小，因为他能容忍在别人看来不公正的事情发生在自己身上，同时也能包容伤害自己的人。这样的人往往比那些锱铢必较的人更容易成大事，因为他的品行好，而他的品行直接决定了他的人际关系。所以，很多时候，我们吃点亏又何妨？

哈佛逻辑精点

哈佛大学在给学生家长的信中这样写道：“要让孩子懂得‘吃亏是福，占便宜是祸’的道理。”毕业于哈佛大学的约翰·罗伯茨也曾在儿子的毕业典礼上致辞“我祝你不幸并痛苦”，希望大家都会经历失败、运气不佳，并从中获得成长。吃亏也是人生的一门“必修课”。世界总是公平的，占你便宜的人多多少少会有些不安，而你又会从中学会忍耐和包容。所以，不要怕吃亏，不要怕挫折。这样的人，心里充满阳光，在其顺从和软弱的表面背后，其实是一个豁达、宽容的世界。

小处让人，大处才能得人

微软和苹果是科技领域的两大商业巨头，双方为了争夺计算机这一新兴领域的市场份额，从20世纪80年代起，就一直针锋相对，成了一对死敌。进入90年代后，微软在比尔·盖茨的出色领导之下渐渐地在竞争中占据绝对的优势，而苹果公司则陷入困境，举步维艰，几乎面临破产倒闭的危险。此时颇具眼光的盖茨作出了一个出人意料的决定，他向陷入困境的对手提供了1.5亿美元的援助，所有认识盖茨的人都在为他做出这一决定感到惊讶和惋惜，因为人们一直认为微软原本可以借机扫除一个劲敌。

比尔·盖茨却并不这么想，他认为此时帮助苹果公司，有利于双方开展合作，而这对于微软的长远发展来说至关重要。2000年的时候，微软为苹果推出了Office2001，此举标志着两大公司正式开始合作，而双方也因此实现共赢，并将这种合作关系保持了下去。

很多时候，朋友和敌人都不是绝对的，也可以相互转化，把对手转变为自己人，不仅减少了困扰，而且扩展了自己的人际关系网，对于将来的发展非常有帮助。正如哈佛商学院的一位教授所说："你可以用一千种方法来打击你的对手，从而取得自己所需的利益，不过征服对手最好、最明智的办法就是把他变成朋友。"

哈佛心理学家认为，人都有排斥外物的一面，但是又有融入外部环境的强烈愿望，没有人愿意主动树敌，给自己徒增烦恼。当敌对的某一方能够率先做到谦让，一般来说，对方很有可能会做出一些积极正面的回应，很多时候都是"相逢一笑泯恩仇"。所以，征服对手最好的方法不是靠力量打压和击垮对手，而是消除对方的敌对情绪，将其拉到自己的阵营。

你怎样去对待别人，别人就会怎样来对待你，这是人情上的一种互动，也是人的一种本能反应。因此，想要得到别人的信任，首先就要懂得谦恭做人，面对他人，我们要尽量放低姿态，待人接物要做到谦卑有礼貌；其次要懂得倾听，倾听往往是表达尊重和敬意的最好方式；最后要懂得包容，包容别人才能让自己被人接受和包容。与人交往时，只有表现出足够的敬意，别人才更容易接受你的存在，也更愿意和你交朋友。

交朋友并不是作秀。我们不能轻易在别人面前显示自己的优越感，只有懂得隐藏自己的锋芒，才能受到更多的欢迎，才能收获更多的真心和友情。你把自己放得太高，别人或许就"高攀"不上了，只有让自己变得比别人更卑微低调，才能起到海纳百川的效果，大家才愿意向你靠过来。适度地放下架子和身段，并不会让身份和地位降低，也不会变得卑微，更不会使别人看低你的存在；相反那些高高在上的人，总是会被人拒之门外。

哈佛逻辑精点

美国石油巨头保罗·盖蒂说："做事最忌目光短浅，只见到眼前利益的人从来不会发现隐藏的机会。"我们要懂得进行投资，如果能在小事上帮助别人、谦让别人、满足别人的自尊心，对方自然就会义无反顾地贡献自己的力量，为你提供帮助。不要逞一时之勇，也不要留恋眼前的得失，只要你真正放低自己的姿态，就一定会获得别人的真心。

分享快乐，与世界同乐

有位细心的老师发现班上有个同学不爱问问题，便将他叫到了办公室。老师从抽屉里拿出四根蜡烛和一盒火柴，对这位学生说："你先点燃一根蜡烛，然后用它将其余三根引燃可以吗？"学生疑惑不解，但还是照办了。老师又说："最后的那三根蜡烛都是通过第一根点燃的，但是对第一根的光芒有影响吗？"学生沉默良久说："没有。""那好，"老师继续说，"和你们分享我所拥有的知识，我不但不会有损失，反而会有更大的快乐和满足，所以我时时欢迎你来问我。"

除了知识之外，在我们生活中，有些东西与人分享也会增多，比如快乐，比如幸福，与人分享得越多，双方得到的也就越多。

1+1=2 是经久不变的公式，但在分享中成了最荒诞的谬论，正因为拥有了分享，一切美好的东西都有了正无穷大的绝对值；也因为失去了分享，快乐、幸福等精神上的价值就会变得异常渺小。

"假若你手里有五个苹果，你会怎样吃掉它们呢？"这是一个老者对不远千里前来拜师学艺的后生们提出的最后一个问题。有个年轻人不假思索地回答说："我在给自己留一个之后，会将其余的分给四个朋友。"

"哦，"老者感兴趣地问道，"这是为什么？"

年轻人说："我吃一个苹果，能尝出它的味道，这样的苹果别说再吃上四个，就算是吃掉一筐，可能都是这一种味道。与其独享，不如将剩下的四个苹果分给他人，让更多的人也享受一下苹果的香甜。一种苹果的味道变成一种苹果的味道加四份快乐，何乐而不为呢？"就这样，这位后生被这位艺术精湛的大师留下了。

与人分享快乐，便是以自己小小的喜悦去点亮另一个人或另一些人的喜悦，因为与人分享快乐的过程就是放大自己快乐的过程。手里有糖果的孩子，懂得分给友伴，不怕没有朋友，也不怕玩得不快乐。因为快乐是可以靠分享传递的。你的一点点快乐，与别人分享后，是把快乐扩大，大家共享，是大家共乐，同时你也得到了尊重与信任。与别人分享快乐，并不是在减少你的快乐，而是在增加快乐。

如果我们都能把快乐带给周围的每个人，用积极的心态感染他人，那么我们也会活得更加有意义。快乐是最常见和最常经历的一种情绪，不管一个人的经历有多坎坷，他在一生中一定会尝到快乐的滋味。但是，我们几乎都会有这样的想法，即一个人的快乐只是他自己的事。他成功了，所以他快乐；他恋爱了，所以他快乐；他乔迁新居了，所以他快乐……但他不知道，当他因成功而快乐的时候，他的家人和朋友也会很快乐；当他因恋爱而快乐的时候，他的父母、朋友和恋人也会因他的快乐而快乐；当他因入住新房而快乐的时候，他的家人、父母甚至同事也会因他的乔迁之喜而快乐……可以肯定地说，没有谁的快乐是只能独自享用的，快乐是可以“传染”的。

哈佛大学教授尼古拉斯·克里斯塔基斯和加利福尼亚大学圣迭戈分校的教授詹姆斯·福勒共同完成了一个“快乐传染”的实验。他们二人发现，快乐情绪能够感染亲人、朋友、邻居和室友等。

同时，他们还证明，快乐通过人际传播，最多能持续传播一年，影响三个社会圈子的成员。据推算，当某个群体中有一个人感到快乐时，他的快乐情绪感染给“朋友的朋友的朋友”的可能性比 5000 美元让人增加幸福感的可能性更大。

生活中，如果无人分享你的快乐，那么你的快乐也是浅薄的。只有当快乐成为大众的，它才实现了真正的价值。每个人都希望自己过得快乐，但并不是每个人都可以无时无刻找到快乐。所以，我们不如把快乐传递给别人，一传十，十传百，最后变成与世界同乐，这才是快乐最好的归宿。

哈佛逻辑精点

尼古拉斯·克里斯塔基斯教授认为："分享快乐、传播快乐，本身就是一种幸福。"只要你心中有理解、有宽容，那么快乐将越分享越繁盛。分享快乐，得到的是别人，收获的是自己；分享快乐，享受的是别人，领悟的是自己；分享快乐，抓住的是别人，幸运的是自己。

Lesson 8

思想逻辑：思考的深度决定前途的广度

哈佛大学最看重的是学生的创新能力和独立思考能力。与自然界的其他生物相比，人渺小得很，但是人统治着世界，原因无他，只因人能够思考。思考是人与生俱来的能力，虽然它并不一定指向真理，但是不思考必然走向迷茫。思考是个人成长、成熟的必经之路，不思考难以成长，难有长进，更难走向成熟。因为对人生有了思考，有了感悟，人们才会更加懂得如何去生活。

从旁观者的视角体察自我

俗话说："当局者迷，旁观者清。"每一个人都是自己的当局者、别人的旁观者，所以我们很容易看清别人，却往往看不透自己。如果想要看透自己，那就只有跳出躯壳，做自己的旁观者了。

常有一些年轻人过分自信，他们认为"天生我材必有用""是金子到哪里都会闪光"。但老人们总会告诫这些年轻人，在人生的路上，要把自己看轻些，为人处世盲目自信的话，最终将一事无成。

的确，能适当地看轻自己，才是智慧的表现，也是在清醒中的一种苦心经营。人生最大的失败是输给自己，也只有把自己看作对手，将自身的缺点当作最大的敌人，才能看清自己，把可能造成失败的隐患扼杀在摇篮之中。世界上最可靠的朋友是自己，最无法逃避的对手也是自己。一个人如果不能换个角度审视自我，那么他就永远不能完善自己。

毕业于哈佛大学的威廉姆斯是一个开发游戏软件的高级工程师，但在一年之内，他已换了三份工作，老板对他都不甚满意。一次，他在飞机上巧遇一位软件开发商，刚准备换第四份工作的他便和这位老板畅聊起来。

威廉姆斯口若悬河地谈起自己的理想，他说自己想开发出一款全世界最受欢迎的游戏软件，但因怀才不遇，没有找到真正赏识自己能力的人。听完威廉姆斯的一番畅谈，这位老板对他十分感兴趣，当即力邀他加入自己的团队。

然而，威廉姆斯的这份新工作照例在三个月之后结束了。他的夸夸其谈掩饰不了他不注重实际操作的缺点和弊病。当老板认清这个事实的时候，毅然辞退了他。而感到怨愤的他始终不明白，自己究竟为何再次被抛弃。于是，他回到母校哈佛大学，向曾经的导师安德鲁教授寻求帮助。

安德鲁教授对他说：“当你感到怀才不遇、痛苦万分的时候，你有没有仔细想过，自己的才华真如期待中的那么高吗？自己真能胜任那些想象中的工作吗？如果说遇到第一个不懂得赏识你的人，是对方有眼无珠，遇到第二个仍然看不到你才华的人，是时运不济。那么，当你遇到第三个、第四个，甚至第五个仍然没有重用你的人时，这究竟又是谁的错呢？”听到这里，威廉姆斯恍然大悟，并深深地低下了头。

其实，在很多时候，并不是别人不给你机会，而是你没有看清楚自己的实力。所以，只有从旁观者的视角，客观公正地体察自己、评价自己，才能对自己有个正确的认识。

在自我体察时，不妨向旁边迈开一步，想象有另一个自我在半空中冷静旁观，以局外人的身份来观察自己、审视自己，以一种鸟瞰的方式来打量自己。这种与“身处其中的我”保持一定距离的方式，能够更清楚地了解那个“潜在的我”，了解自己真实的情况。认识并把握自己的实情，便能指导自己的人生，从而主宰自己的人生。

当然，并不是每个人都具备做自己旁观者的能力和勇气，这是因为人的情商有高有低。真正的高情商者可以成为自己的旁观者，但是不会真的袖手旁观，他们对自己的情绪状态能进行认知、体察、监控和掌握。他们了解自己的情绪，具备自我意识，注意力不因外界或自身情绪的干扰而迷失、夸大，不会产生过度反应，能在纷扰的情绪中保持中立。这让他们不仅能认识到自己的问题，更能很快用另一个冷静的自我来选择解决问题的最佳方案。

比如，当被别人激怒时，他们会很快意识到自己的情绪发生了变化，而且他们不会刻意去克制自己的不良情绪，他们会选择两种抒发的渠道：1. 发泄出去，将对方揍一顿；2. 丢掉它，放对方一马，不让坏情绪干扰自己的好心情。对于情商高的人来说，后者自然是明智的选择，因为那样不仅不会对彼此造成伤害，避免产生更大的麻烦，而且还及时调整了自己的心情，将坏情绪抛到脑后，让它没有办法干扰到自己。

所以，你现在知道，学会做自己的旁观者，不仅仅是要及时发现自己情绪的变化，更重要的是要用旁观者的身份来给自己作出正确的指导，你要做的不是一个“袖手旁观者”，而是一个“热心旁观者”。因为你要帮助的是你自己，对拯救自己你还有什么可保留的呢？

哈佛逻辑精点

哈佛大学幸福课讲义里有这样一段文字：“有时候，周围人对我们的态度和评价更能帮助我们认识自己、了解自己。”因此，我们要尊重他人的态度与评价，并作冷静的分析。对于他人的态度与评价，我们应该不盲从，也不轻视。

居安时要懂得思危

很多时候，一些事情在刚出现端倪，还没有发生变化时，有的人就会提前注意到，同时努力做到未雨绸缪，以免量变引起质变，最后导致不可挽回的局面。在生活之中，我们要始终保持忧患意识，懂得防患于未然，这样就可以避免很多麻烦。

一家人请朋友吃饭，朋友临走时看见主人家的烟囱是直的，房屋周围又堆满了木材，便对主人说：“你家的烟囱应该换成弯曲的，周围的木材应该移走，否则将来可能会有火灾。”主人听了不以为然。不久，主人家做饭的时候，外面起了大风，将烟囱里的火星吹到了周围的木材堆上，很快便燃起了大火。四周的邻居纷纷跑来帮忙救火，最后火被扑灭了，所幸没有造成多大损失。为表示感谢，主人杀猪宰羊宴请四邻。有人对主人说：“你应该宴请当初建议你改造烟囱、移走木材的朋友，如果你听了他的话，今天就不会发生火灾了！”主人顿时醒悟，赶紧去邀请当初给予建议的那个朋友。

许多成功者能够取得成功是因为他们能够见微知著，能够参透事物本身，抓住别人没有发现的机会，进而取得成功。有忧患意识的人不仅能够占尽先机，还能在事情向坏的方面发展时及时发现苗头，将其扼杀于萌芽之中，避免可能引起的失败。

哈佛商学院教授理查德·帕斯卡尔在自己的一篇文章中指出，危机意识与竞争获胜之间的关系就如同种子与果实之间的关系一样，信心是成功的支柱，而竞争则是通往成功的阶梯。仅仅站在竞争与对抗的洪流岸边不断地观望，而不全面地参与到竞争中去，只会让自己失去进取之心，进而在没有竞争的环境下失去危机感与紧迫感。

哈佛逻辑精点

理查德·帕斯卡尔教授说：“21世纪，没有危机感便是最大的危机。”居安思危是一种正确的心态，只有时刻有危机感，才能时时努力、时时进步。不论你在怎样的人生轨迹上前行，都应该心存危机意识、小心谨慎、居安思危，只有这样才能将顺境保持住，把逆境转为顺境。

有正确的预见等于成功了一半

古语说："凡事预则立，不预则废。"意思是说，不论做什么事，事先有准备就能得到成功，不然就会失败。的确，一个人能有多远的目光，就会有多大的成就。一个"思接千载"的人，必然能够"视通万里"，必然会有相当远大的愿景。而一个没有预见力的人，当然就不会有什么远大的人生目标。

预见力是指一个人具有思考未来的能力，一个人若想得到良好的发展，就必须有远见卓识。只有具备远见卓识的人，才能看清前进的方向，把握住时机，才能见机而行，相时而动，取得成功。相反，一个急功近利的人，不可能有发展的眼光，不可能会考虑到自己的长远目标，也就不会把握住时机，成为激烈竞争中的胜利者。

刚刚大学毕业的凯特才貌平平，从表面上看不出有什么过人之处。当她被一家知名公司录用为销售人员后，公司的职员都感到不可思议。按照往常的逻辑判断，以凯特的条件，她根本不可能打败众多前来公司应征的对手。

凯特在公司工作一年后，副总经理的专职秘书因故辞职，工作必须有人接手打理。现招现聘显然来不及，况且经理的脾气和工作习惯不是随便一个人就能适应的。虽然觊觎那个职位的人很多，但谁都没有把握。令人意想不到的是，人事部门最终选中了凯特做经理的秘书。幸运之神再一次眷顾了凯特，公司上上下下都对凯特羡慕不已。

同事艾玛问她："能告诉我，你为什么这么幸运吗？"

凯特笑着说："接到面试通知的时候，距离面试还有两天，我用这两天的时间去查阅公司资料，充分了解公司的背景、产品、新闻等，做好随时上班的准备，当然就能提高被录用的机会。至于为什么我一个小小的销售人员，却能够接任经理秘书的职位，那是因为我花时间和精力去观察公司中每个领导的工作习惯。我知道前任秘书每天早晨会给经理泡一杯咖啡，不加糖；下午 2 点半左右，换成茉莉花茶；给经理的办公桌上摆一束鲜花；在经理情绪不好的时候，绝对不能进他办公室。”艾玛恍然大悟，原来前些天前任秘书请假后这些事情都是凯特做的。凯特为什么会得到公司领导的肯定？如果她每天不对领导的工作流程和脾气秉性细心观察，就不会知道领导喝咖啡不加糖，每天下午 2 点半左右需要茉莉花茶，更不可能获得经理秘书的职位。她善于理解领导的心意，具备察言观色的能力，得到经理秘书的职位也是无可厚非的。凯特的好运是自己精心策划的结果，也印证了这句话：“机会总是留给有准备的人。”

俗话说“人无远虑，必有近忧”，不考虑将来的人，没有预见力的人，目光短浅，只看到眼前的利益，看问题不能看到事情的本质，不能预测事情的未来发展方向，所以也就不会做好规划，因此这样的人是不可能取得什么成就的。

哈佛逻辑精点

哈佛大学医学博士、美国成功学的奠基人奥里森·马登说：“把梦想变为现实，一定要做三件事。第一，要有正确的预见；第二，要深入思考；第三，要付诸行动。”正确的预见是保证正确行动的必要前提，是实现目标的关键所在。有了正确的预见，心中便有了一幅宏伟蓝图，就能够从一个成就走向另一个成就，就会踏入更高、更好、更令人快慰的境界。

经常反思，让自己更成熟

有一男生和一女生一起去参加某公司的招聘考试，该公司对两人分三天做三次考核。第一次考试，男生取得 99 分，而女生则以 95 分排在第二。第二次考试试卷发下来时，男生感到纳闷，因为试卷与第一次的完全一样。但监考人员说没有发错，他便懒得去想，潇洒地重做了一遍。第二次分数出来后，他还是以 99 分位居第一，那位女生则还是排在第二，不过这回她得了 98 分。

第三天的考试准时进行，令他意想不到的是，这次试卷仍然和前面两次完全相同。但监考人员还是那句话："认真答卷，不要有疑问！"两位考生老实地再答了一遍。当男生自信而从容地用了不到半小时就完成试卷时，他瞥了一下那位女生，她似乎还在绞尽脑汁、冥思苦想，时而修改，时而补充，直到考试时间结束后，她才把试卷交上去。

第三次考试成绩公布了，他依然是 99 分，只是这次女生也考了 99 分，但是他一点也不担心被挤下来，因为他觉得自己足够优秀。可是第四天公布的录用结果让他大吃一惊，公司录取的竟然是那个女生，而不是他！

总经理笑着告诉他："我们很欣赏你的考分。但我们没有承诺谁考了最高分就录用谁。不错，你每次都考了最高分，可惜你每次的答案都一模一样，一成不变。如果我们公司也像您的答题一样，总用一种模式去经营，能摆脱被淘汰的命运吗？我们需要的员工不但要有才华，更应该懂得反思，善于反思、善于发现错漏的人才能有进步，职员有了进步，公司才能有发展，我们之所以用同一张试卷对你们进行考核，不仅仅是在考你们的知识，也在考你们的反思能力。”这一番话说得他哑口无言，羞愧难当。

一个不会反思甚至不去反思的人，是不会有所成长的。所谓反思就是指通过思考来审视自己，检讨自己的言行举止，看自己在哪里犯了错，看看有没有需要改进的地方，为以后的发展作准备，尤其是当同样的事情再发生时，能够作出正确的改正，要做到比第一次更好。

有一个叫道密尔的企业家专买濒临破产的企业，而这些企业在他手中又一个个起死回生。有人问：“你为什么总爱买一些失败的企业来经营？”道密尔回答：“别人经营失败了，接过来就容易找到它失败的原因，只要把缺点改过来，自然会赚钱，这比自己从头干省力多了。”道密尔的聪明之处就在于他懂得失败价更高，别人不行的，他行；别人跨越不了的，他能跨越，把别人的失败变成自己的财富。

反思别人的经验教训是一种可后天培养的归纳能力。反思就是寻找规律，使道路清晰，使“是非”明了。善于反思的人可以准确地分析自己的优点和缺点，理解自己何以成功、何以失败，并且在日后的工作和生活中利用自己的优点，避免再走失败之路。

更为重要的是，反思可以使我们不必重复别人做过的事情，不必犯别人犯过的错误。重复犯错误是这个时代的人们普遍存在的问题，重复使资源配置趋于无效，使劳动的价值归零，使智慧无用武之地。

既然反思是人们必须具备的能力，那么，怎样去反思呢？我们要特别注意从实际出发，还有一点就是我们要一眼看到底。怎么才能看到底呢？就要多问几个为什么，把“为什么”一层层地问下去，就能够把事情看到底。无论面对自己还是别人的失败，我们需要的是沉着冷静，理性对待；以失败为借鉴，找出失败的原因，跨过去，便是成功。

换个思路，问题迎刃而解

在通常情况下，人们的思维方式是比较有效、经济的，能解决大部分常规问题。但有时常规思维并不能解决一些非常规的问题，而且人类是懒惰的动物，一旦用脑的方法模式化后，就很难用别的方法再予以刺激。所以，为了使自己的头脑能够不僵化，能够不断地转换思路，就必须打破固有的思考模式。

一天早上，一位父亲正在准备工作的内容，他的儿子在一边哭闹不休，他感到十分心烦。为了转移哭闹不止的儿子的注意力，他将一幅色彩缤纷的世界地图撕成许多细小的碎片，丢在地上，然后对儿子许诺说："小约翰，你如果能拼起这些碎片，我就给你十元钱。"

父亲以为这件事会使儿子花费上午的大部分时间，但是没想到的是，才过了不到十分钟，小约翰便拼好了。父亲惊讶地问："孩子，你怎么拼得这么快？"小约翰很轻松地回答道："在地图的另一面是一个人的照片，我把这个人的照片拼在一起，然后把它翻过来。我想，如果这个'人'是正确的，那么这个'世界'也就是正确的。"

这个故事告诉我们，当你正在进行思考时，如果你的方法是错误的，不妨换个思路去思考。倘若你的思路是正确的，那么你世界的一切问题就会迎刃而解。史坦利·阿诺德说："每一个问题都隐含解决的种子。"这句话强调了一个重要的事实，那就是每个问题都有解决之道。问题的本身就包含着解决的办法，只是需要人们去开动自己的思维，找出解决问题的办法。

一位出色的企业家受邀到一个学校开讲座，在互动环节，同学们提到在金融危机中如何更好地就业和创业的问题。

企业家没有直接回答，而是发问道："假如一条大河的对岸刚发现一座大的金矿，但是河水很深，你们不会游泳，而你们又渴望得到一大笔财富，那你们该怎么办呢？"

大家七嘴八舌，有人说："绕到河水浅的地方再过河。"有人说："练习游泳，练会了再游过去。"也有人说："造条船，能过河就行。"还有人说："建一座桥，就可以到达河的对岸了。"

企业家点点头，微笑着说："你们说得都不错。你们的目的是过河，绕到河水浅的地方过河也未尝不可，但是一条大河，你知道浅水处在什么地方吗？这样找很浪费时间，有时候成功是要有一点儿冒险精神的，太保守反而会错过良机。练习游泳也行，但当你学会了游泳并且真正能够游到对岸时，估计一切都晚了，机会来了不抓住就会溜走的。造船、建桥也可以，但你想想，造一条船、建一座桥需要多大成本，需要多少时间呢？你不会游泳，毕竟有人善于游泳，人家已经在第一时间游到对岸，对岸的金子已经被人占有了。真正的财富只能被少数的天才拥有，比尔·盖茨就是一个善游者，他最先发现了财富并且最先游到对岸，现在，金子已经被比尔·盖茨拿走了。"

同学们一阵笑声之后，却流露出有些失望的眼神。企业家见状，接着说道："或许你们不是天才，但是只要你们肯动脑筋，转过弯儿来，也一定会有很多成功的道路。金子被比尔·盖茨拿走了，那么这时候你们发现机会了吗？如果这时候你就灰心丧气、打退堂鼓，那你注定要两手空空、一无所有。"

企业家顿了顿，接着说："吸取了不会游泳而失去财富的教训，很多人当然都想学游泳了，那么机会来了，你可以开游泳馆，请人教授游泳，一样也可以发财。造船的应继续造船，建桥的也应继续建桥，虽然比尔有很多金子，但他也需要过河，你可以向他收过路费，一样也可以赚大钱。然后你们再看，造船需要木材商，建桥还需要水泥商……机会还有很多很多。比尔·盖茨拿走了金子，他同样也要分一些给你们。所谓成功之路千千万，只要不用非法的手段和他硬抢金子，可以另辟蹊径，就会让他自愿送金子给你们。”

人们往往会对一些常见的事物形成思维定式，因此以固有的思维方式来思考新的问题。但是有些事情是在不断变化的，有些事情则是从未发生过的。如果还以固定的思路来思考，必然找不到解决问题的方法。所以，我们需要转换视角，换个角度去思考，就会引发新的思索，产生超乎寻常的新构思和不同凡俗的新观念。

哈佛逻辑精点

哈佛大学博士、银行家大卫·洛克菲勒说：“思路决定出路，头脑是否敏捷对成功至关重要。只有思维灵活的人，才能在变化中生存和发展。”当你觉得事情的发展与你的预期不相符时，就要及时、果断地摒弃旧有的思路，换个思路，说不定问题就会迎刃而解！

听别人的意见，自己作决定

在一次会议上，微软总裁比尔·盖茨受到严厉指责，一名技术员指出公司开发的网络浏览器滞后。比尔·盖茨沉默片刻之后，便进行了一番自我批评，并向与会者诚恳道歉，然后迅速作出开发新浏览器的决定。比尔·盖茨后来谈起这件事时说：“我不想在面子问题上浪费时间，那是没有意义的。特权会使人腐化，但我想保持前进的动力。”比尔·盖茨没有因为自己是总裁，而拒绝听取他人的意见，这也许是他能够成为世界首富的一大原因吧！

听取别人的意见，并不是以别人的意见为标准作出决定，而是综合考虑别人的意见后，再以自己的意见为主要标准来作出决定。毕竟别人只是站在他自己的立场上发表一些看法甚至是无关痛痒的言论，而不是站在你的立场上进行考虑。

美国成功学家拿破仑·希尔在《思考致富》一书中说：“发不了财的人通常是容易受别人的意见影响的人。他们容忍闲言碎语，容忍别人的意见，容忍记者按照自己的想法进行报道。意见是世界上最廉价的东西，每个人都有一大堆的意见要告诉任何愿意倾听的人。如果你在作出决定的时候，非常容易受到其他人意见的影响，那么你做任何事情都不会成功，尤其在把自己的欲望转变成金钱方面更不会成功。”

日本励志大师堀场雅夫也在他的著作《不要听别人的话》中指出：“现在依赖心强的人越来越多，他们不愿意自己去思考，什么事都请教别人的看法，事实上，在面对严峻问题时，解决问题的方法大多是自己通过绞尽脑汁想出来的，世上没有听了别人的意见就能顺利解决问题那么简单的事情。”

这个世界本来就是不同的，每个人对人对事的看法也是不同的。如果把别人的感觉、意见放在自己的感觉之上，只能造成自己的失败感，所以，在追求成功的过程中，要学会信任自己。

你做任何事情，都可能面对各种各样的意见和议论，有的如同飞絮，有的好似利箭。即使你用尽全力，也不可能满足所有人的期望，但别人的意见和议论必然会有可取之处，会有你考虑不到的地方。所以，聪明的独立思考者一定会很注意听取大多数人的意见，然后作自己的决定。

曾经有位画家，一直想画出人人见了都称赞的画，经过几个月的辛苦工作，他把画好的作品拿到市场上，在画旁放了一支笔，并附加了一条说明：如果你认为哪里欠佳，请在画中标上符号。晚上，画家把画拿回家后仔细一看，发现整幅画没有一笔不被标上记号的，画家十分不快。他决定换个方式再试一次，于是他又临摹了一幅相同的画，这次他要求观赏者将其最为欣赏的地方标出符号。结果，所有的地方也都画上了标记。画家明白了一个道理，也就是无论画什么，都会有人觉得不好，而同时也会有人觉得好，不可能全部都说差，但是也不可能所有人都满意。有些人看来反感的东西在另一些人眼里恰恰是美好的。所以，无论做什么事，不可能使每个人都满意，更没必要去争取所有人都对你满意。

每个人都是意见领袖，每个人都有自己的思想、观点、评价，都会对周围产生影响。如果一个人在作自己的决定时，受了别人太大的影响，那么只能说明他是一个没有个人思想和主见的人。

哈佛逻辑精点

哈佛大学首位女校长德鲁·吉尔平·福斯特在一次毕业典礼上嘱咐道："没有人可以左右你们的生活，除了你们内心深处那个最真实的自我，你们生活的意义将由你们一手创造。"每个人都要学会听取他人的意见，并且要认真地听取，争取能够从中得到有益于自己的信息，从99%的噪声中筛选出1%的信息，然后以自己的意见为主，综合考虑这1%的有用信息，果断地作出真正符合自己意愿的决定。

Lesson 9

幸福逻辑：心态健康，就能感知幸福

我们常常戴着有色眼镜去观察周围的人和事，这时我们的心态是消极的。如果能换一种积极的心态，我们就会发现，世界也随之发生了改变。哈佛大学心理学教授威尔士·罗德曼先生曾这样对他的学生说："当我们的耳朵还能够听到清脆的鸟鸣、优美的音乐，我们要感恩大自然的馈赠；当我们的眼睛还能够看见金秋的红叶、森林里的花朵，我们要感恩上帝的仁慈。"如果你想改变你的世界，首先就要改变你的心态。如果你的心态是正确的，那么你的世界也会是正确的，这便是幸福的逻辑。

没有不幸，哪有幸福的可贵

有个退役军人在战争中失去了一条腿，他在返乡途中经过一个小镇，听说附近的某个山上有一口神奇的泉眼，据说里面的泉水可以医治好各种疾病，被当地人奉为“圣水”，于是他拄着拐杖前往一探究竟，有个路过的村民得知军人想要寻找泉眼，于是怜悯地说：“可怜的孩子，难道你在祈求上帝再给你一条腿吗？”军人摇摇头回答说：“我不是为了向上帝祈求得到一条新腿，而是要祈求他帮助我，教我在没有了一条腿后，也知道如何过日子。”

一个人只有遇到被称为“不幸”的刺激，才会体会到没有这种刺激是多么难能可贵。这个退役军人也正是因为失去了一条腿，才发现拥有健康的双腿是多么美好，从而更加珍惜剩下的一条腿，并继续生活下去。

当你乘坐飞机，突然遇到一股强大的气流，整个机舱都跟着摇晃起来，这时你会觉得自己搭乘的简直是一个在天空中飞翔的大魔鬼。直到飞机平安降落，你才会领悟到能够平安出行是一件多么值得庆幸的事。如果有一天早上醒来，你觉得脑袋阵阵疼痛，根本不能起床，这时你才会发现，平时能够精神饱满地迎接新的一天是多么值得高兴啊！

不论是乘坐飞机还是身体健康，凡是幸福的状态很快就会习以为常。即使是曾经心存感激，时间久了也会觉得理所当然、司空见惯。在这样的情况下，偶尔发生一点“不幸”的刺激，更能使人发现生命中最重要的东西。

在音乐片《窈窕淑女》中，有这样一段剧情：男主角是一位教授，他平日里把奥黛丽·赫本饰演的卖花女当作普通学生看待，直到卖花女离家出走，教授才发现自己真的爱上了这位他一手调教出来的淑女。对教授来说，再也见不到这位女学生是件十分不幸的事情，正是这个不幸让他察觉到了自己的内心感受。两人的爱情正是通过彼此间的分离，才得以开花结果。这也验证了一句话：有了不幸，才能凸显出幸福的可贵。

一个人若是得到完美的东西，就等于失去了可以得到比这更好的东西的期待。由于得到的事物总有不完美之处，所以才产生要把它改造成完美的希望。假如人生过于幸福，就失去了活在幸福中的喜悦，正因人生难免有不幸的时候，才会产生要活得更幸福的希望。如果一切都顺顺当当，你就会觉得生活索然无味。

莎士比亚在《亨利四世》中写了这样一段话："要是一个人可以展读命运的秘籍，预知时序变迁，将会使高山夷为平地，使大陆化为沧海……要是他知道机会将怎样把人玩弄，生命之杯满注着多少不同的酒液，啊！要是这一切能够预先见到，当他遍阅自己的一生经历，知道过去有什么艰难，将来又要遭遇什么挫折，那么一个最幸福的青年也会合上这本书卷，坐下来等死。"

幸福是一个很有趣的东西，它是人们心中的一种满足感，但是人要活得满足，却必须以某种缺憾为前提。因为只有存在某种缺憾的时候，人才不会满足，进而才会不懈追求，才可能有以后的满足感。这样看来，缺憾是构成幸福的必要因素。

戴尔·卡耐基曾言："若我们有快乐的思维，我们便会快乐；若我们有凄惨的想法，我们便会凄惨；若我们有畏惧的思想，我们便会生病。"面对不幸，特别是那种凭借个人力量一时无法扭转命运的苦难时，要让自己保持平和而乐观的生活态度，这并非盲目乐观，而是源于内心对未来的坚定信仰，相信生命中总会有美好的事物。

在这一过程中，“不幸”本身并不一定会让我们变得坚强，它也有可能会令我们更加消沉、更加愤怒、更加狂躁。令我们变得坚强的，是我们面对不幸时的心灵，当我们可以正视不幸、明白不幸的真实含义时，我们才有机会从不幸中学习到更多，并逐渐获得成长。

哈佛逻辑精点

哈佛学子、中国著名文学家林语堂曾经如此评价人生：“幸与不幸之间，只隔了一层薄纸，而你本身就是那层薄纸，你认为那是幸福，便是幸福，你认为那是不幸，便是不幸。”这位智者一语道出了看待生活的态度：在通往幸福的道路上，总是会有荆棘与荒原，失去了千锤百炼的磨难，便不会有来日成功的辉煌。

得到未必幸福，失去未必不幸

哈佛大学曾经做过一项幸福调查，在众多社会成功人士当中，许多人尽管名利双收、社会地位崇高，但是生活一直过得不如意，其中一些人的生活足以让别人羡慕到膜拜，可是他们觉得自己的生活毫无意义可言，反而羡慕那些生活条件不如自己的人。

何为幸福？仁者见仁，智者见智。哈佛大学的心理学家认为，幸福是内心的舒畅、喜悦和满足，而不是单纯的感官享受和物质享受，用金钱和名誉堆砌起来的幸福往往是卑微的，也是不真实的。有人一心想要嫁入豪门，费尽千辛万苦终于实现梦想，可真实的豪门生活与她预想的大相径庭，最终她因无法承受内心之苦而结束了不幸的婚姻；有人认为只要自己功成名就，就可以享受到人生所有的快乐，可是真的成功后，却发现自己竟是那么孤单无助；有人认为只要有了钱和地位，自己想要什么就可以得到什么，到头来却发现自己除了钱，竟一无所有。

“有得便有失”是人们都明白的道理，但很多人不能正视“得”与“失”，他们常为一时之得欣喜若狂，而又为一时之失黯然神伤。人之所以悲伤，就是把“得”看作常态，是幸福的；而把“失”看作变态，是不幸的。

印度丛林中，生活着一群酷爱吃核桃的猴子，猎人们为了捕捉到猴子，常常设计一个简单的机关，在一个小木盒中放入一颗核桃，然后在小木盒上打开一个小洞，猴子的手可以自由出入，但是一旦握紧拳头抓住核桃，就无法顺利拔出手。

这是一个并不高明的设计，但是猴子们几乎无一能够逃脱被捕的厄运。事实上猴子们只要在猎人赶来之前，放弃手中的核桃就完全可以逃走。但悲哀的是，猴子无一例外都不愿意放手，最终只能手里紧攥着核桃，眼睁睁地等着被抓。

我们不能责难一只为了填饱肚子的猴子多么无知，因为猴子在找核桃时从来不曾预料到要付出自由的代价。不过，在发现危险的时候，贪婪的猴子却从来没打算放手，即便知道自己难以逃脱，它还是紧紧地攥着核桃，妄图带着核桃一起逃走，这种做法实在令人无法理解。

猴子的失败在于它冲动地把赌注全部下到一颗核桃上。其实，猴子松了手就可以获得自由，但是那颗小核桃束缚和限制了它，直到被抓了，或许猴子也依然无法弄清楚自己为什么被抓住。但人呢？我们是否真正地看破世界的真相，是否愿意在诱惑面前作出让步，又是否常常被外物牵绊住走向幸福的脚步？

如果总是将“得失”作为衡量幸福与否的标准，那么你的快乐和幸福永远不会长久。生活中，“得”与“失”原本就是相辅相成的，想有所得必有所失。大地失去了养料与水分，才使草木有鲜花和果实；春夏失去了葱绿，才换来了金秋的收获。而对于我们个人来说，逝去了青春的岁月，才走向了成熟。生命何其短暂，想要活得快乐就要将“得”看淡，不以物喜，不以己悲，更何况“得”与“失”本就是互补的。

有一个年轻人乘船外出，在船快要到达终点时，海上突然起了一阵大风，船被风浪打沉了。幸运的是他被风浪吹到了一个小岛上。这是一个荒无人烟的孤岛，他每天都翘首以待，希望有船只路过，将他救走，然而一天、两天、三天过去了，仍然没有一只船经过。为了生存下去，他便从岛上弄来一些树木给自己搭建了一个临时居所，并在其中生火取暖和烧烤食物。有一天他去寻找食物时，忘记把火熄灭，结果当他回来时发现辛辛苦苦搭建起来的住处燃起大火，滚滚浓烟直冲云霄。年轻人悲痛交加，顿时觉得自己是个无比不幸的人，甚至失去了活下去的勇气。第二天一大早，当他还在痛苦中煎熬时，风浪拍打船体的声音惊醒了他。他看到一只大船正朝岛上驶来，很快他便得救了。后来，年轻人问船上的人是怎么发现他的。船上的人告诉他：“我们看到了你燃放的烟火信号就朝这个方向开来了。”原来是那场令他几乎失去生活信心的大火救了他。

人的一生之中，“得失”是很难界定的，“得”与“失”有时会在瞬间就发生转变。而人的一生都会面对种种“得失”，大悲大喜通常都是伴随着大失大得。德国音乐家贝多芬最有影响力的音乐作品是在其饱受耳疾折磨时创作出来的，而伟大的小提琴演奏家帕格尼尼则一直是个苦难缠身的人。他们之所以有这样的成就，是因为他们将“得失”看得平淡，没有把缺失当成不幸，而是以积极的心态与思维来对待自己的人生。

哈佛逻辑精点

哈佛大学心理学教授埃伦·兰格认为，人生的悲喜本就无常，以平常心对待平常事是好的，更重要的是能以一颗平常心来对待一些缺失，一些突然而来的不平常之事。花开花落是寻常事，生离死别也是万事万物的常态，而对于“得失”，我们也应当坦然面对。得到不要大喜过望，失去也不要大恸大悲，只有这样才能快乐地生活，才能真正有所得。

活着就有希望，健康就是幸福

人生总是有着这样或那样的缺陷，随时都可能出现变故，遭遇不幸。不经意间，我们也许就失去自己心爱的东西；不经意间，我们也许就遭受到人生的重创；不经意间，我们也许就面临着重大的生活危机。哪怕只有一次不幸，我们可能就此失去财富、地位或者爱情，失去自己拥有的一切生活保障。

在一次地震中，一个正在练习舞蹈的小女孩因为没能及时逃出去，而被房顶的柱子压住了大腿，结果被迫截去了一只脚。当她醒来的时候，家人和医生都不知道该如何告诉她截肢的事，因为谁也不忍心破坏一个女孩跳舞的梦想。然而女孩显然意识到了自己的断肢，但是她显得很平静，没有大吵大闹。母亲担心她是不是受刺激过度，于是想要上前安慰她，没想到女孩突然抬起头对母亲说：“妈妈，能活着真好。”

生活也许给予我们眼泪和悲伤，但是不会轻易让人绝望。生活可能会使我们失去某些东西，但同时它也为我们保留了一些东西。要知道，没有谁会被生活完完全全地剥夺一切，没有谁会轻易失去一切，很多时候，最重要的、最宝贵的东西依然会得以保存下来。当我们为自己的人生感到无奈时，常常忽略重要的一点，那就是我们都还幸运地活着。而活着就有希望，活着就会有奇迹发生的可能，活着我们才能够重新把握自己的生活。

“活着”听上去是如此稀松平常，然而它代表了一切的一切。很多时候，我们感觉到了绝望，感觉到了痛彻心扉的悲伤，感觉到了人生的灰暗无光，但是当我们静下心来认真思考自己的生活时，也许我们就能想到自己的生命和健康——我们还幸运地活着，我们的生命还没有被生活彻底磨灭——活着就要勇敢负担起自己的生活，也只有活着我们才能够负担起自己的生活。

有个人向上帝抱怨自己的境况，希望得到上帝的帮助，上帝于是让他说出一个值得帮助的理由，这个人便悲伤地说：“我已经破产了，现在一无所有。”上帝听了只是摇摇头，无动于衷，于是这个人又哭着说道：“我的双腿早就残废了。”上帝依然摇头，这个人接着说道：“我已经好几天没吃上热饭了。”上帝看了看他，依旧摇头。

看到上帝不住地摇头，这个人有些愤怒了，于是质问上帝为什么不帮他，上帝反问：“你不是还活着吗？为什么不自己想办法活得开心一点呢？”这个人无奈地自言自语道：“活着又有什么用呢？”上帝便说：“既然活着都已经没用了，那我也没有帮忙的必要了。”

有人被夺走了光明，但是他还可以用耳朵倾听世界；有人没有办法与人沟通，但是他还能够看见别人的笑容；有人无法站起来走路，但是他依靠双手依旧能够让人生走得更远。生活带走了我们享受部分幸福的机会，我们自己要懂得弥补回来，我们自己要有一颗淡定的、坚强的心。

人生不到彻底绝望的时候不要轻易绝望，人生不到无能为力的时候不要轻易放弃。每一种生活都可能出现一些不如意的事情，但是不要轻易就对生活失去信心，很多时候，我们并非已经一无所有，我们还有一颗淡定的心，我们还有能力走好人生的道路，还有能力开创美好的未来。

不完美的生活常常让人感到无奈，但是一个残败而短暂的春天依然可以春光明媚，依然可以细雨如梭，依然可以绽放美丽。生活可能无奈，但不曾渺茫；生活可能渺茫，但不曾绝望；生活如果绝望，不过是自己的心不够坚强。倘使我们还活着，那么我们就并非一无所有；倘使我们还活着，那么我们就并非没有一点儿希望。

拥有生命是值得庆幸的事，拥有健康的生命则是值得骄傲的事。健康是生活的基础，无论你得到了多少财富，无论你拥有多么崇高的地位和名誉，没有健康的体魄，一切很快都会如同浮云般消散。拥有了健康，我们就把握住了人生的希望。生活或许夺走了我们一些有价值的东西，但是它不会轻易夺走我们最有价值的东西，而只要最有价值的东西还在，我们就有理由淡定地对自己说："一切还不是那么坏。"

哈佛逻辑精点

曾就读于哈佛大学的思想家、文学家爱默生说："健康是智慧的条件，是愉快的标志。"健康就是幸福，而且是人生中最大的幸福。倘若健康被无情地剥夺，你也不要绝望，只要还活着，无论身在多么艰苦的环境，也必定存在获得幸福的希望。

幸福就像手中沙，攥得越紧，流失得越快

一位作家曾说过："人生有两大悲剧，第一是当幸福来临时，我们不懂得珍惜，等到错过之后，才后悔莫及；第二是当我们加倍珍惜自己

的幸福时，它却坚决离我们而去。”生活总是让人无奈，你越是在意的东西，越是容易失去；越是想要抓住，就越是抓不住。

追求幸福是每个人的目标，但是太过焦急未必是一件好事。幸福之所以会悄悄溜走，很多时候只是因为我们太用力、太在乎、太执着。人生就是一个天平，天平这头放着我们自己，那头放着幸福，我们每个人都希望天平能够达到平衡，所以总是千方百计地尝试着去控制，刻意保持一个平衡的状态。其实，我们没有必要刻意去插手，太在意了，人生反而更容易失衡。

有一位好莱坞演员因为无法再吸引观众而被迫退出演艺圈。对比今朝的落寞，他时时想起从前的种种风光，不禁百感交集。如今离开了舞台，离开了公众的视线，离开了经久不息的掌声，他的生活显得非常无聊和单调，他不甘心自己变成一个平凡的人，却也只能无奈地接受这样一个事实——自己再也无法回到黄金岁月和人生的巅峰。

这个演员不久就患上了严重的抑郁症，人也日渐憔悴，于是朋友们都劝他一定要摆正心态，但是这个演员很难接受人生的巨大落差，根本听不进去。这时，他的母亲告诉他：“你出名以前怎样过日子，现在就怎样过日子，你只不过是重新走回了原点，而并没有真正失去什么啊！”

人生不过是一场寂寞的烟花，绽放时越是灿烂夺目，熄灭后则越是寂寞和无奈，我们享受到烟花的绚丽绽放，却常常不愿意承受烟花过后的凄凉；我们享受过青春的激情，却常常无法面对青春过后的无奈；我们品尝到爱情的美妙，却常常害怕见到爱情过后的悲伤；我们习惯了幻影的繁华，却常常担忧繁华过后的虚无。

由生到死、由有到无、由得到失不过是人生的一个历程，谁也无法轻易逃离，谁也无法轻易回避。我们害怕面对死亡，其实死亡不是生命的流逝，而是生命走出了时间；我们害怕失去幸福，然而失去了也不是一无所有，而只是为了能够更好地放下。

幸福是脆弱的，我们不经意间就会伤害到它，尽管这并非我们的本意，但是幸福或许原本就经不起我们轻轻一握，或许原本就不需要我们给予更多的保护。我们需要给予幸福一点空间，所以做一件事时也不要太过执着，很多时候不妨随遇而安、顺其自然，不去刻意寻求最完美的结果。

有个人在山上采回来一大把非常漂亮的野花，回家后就把花插在花瓶中，然后兴高采烈地拿着花瓶给别人看。大家都对这些野花赞不绝口，纷纷询问他是在哪里采到这样美丽的花。众人对此都十分羡慕，认为把这样的花摆在家中，整个屋子一定会焕然一新。

这个人炫耀完自己的花后，就往回走，结果碰到邻家的一位老人，他立刻把花拿给对方看，老人看完后，说："花的确很漂亮，但是它已经不是野花了。"采花的人听了觉得莫名其妙，十分不解，这明明就是野花啊！于是就疑惑地问对方，老人淡然地回答："从你把它采回家，它就已经不是野花了，真正的野花应该长在山间野地，会有很长的花期。"采花的人原本很高兴，然而听完老人的话后便觉得非常羞愧。

幸福不能抓得太紧，这样反而流失得更快。这就像放飞风筝，如果我们想让风筝飞得更高、更远、更惬意，就要懂得给风筝更多飞翔的空间，需要尽可能地放长手中的线；如果我们紧紧地将线抓在手中，风筝也就无法飞高了。幸福其实也需要有尺度地去放飞，因为幸福也需要成长的空间，也需要一定的自由，我们需要和幸福保持一定的距离，刻意去经营反而会破坏幸福成长的规律。

哈佛逻辑精点

哈佛大学教授珍妮·嘉索认为，得到的是幸福，得不到的也会是幸福；想得到的是幸福，不想得到的也是幸福。只要顺其自然，一切都会成为幸福。无缘的东西，得与不得都一样，想与不想也一样，你难以做出任何改变，不如坦然地顺从一切，这不是懦弱地放弃，而是智慧人生必备的一次修行和经历。

并不是越有钱越幸福

对于金钱与幸福的关系，哈佛大学心理学教授罗伊在一节公开课中有过明确的阐述。课程一开始，他就讲了这样一个故事。有一个小孩丢失了一美元硬币，他很伤心，蹲在路边哭。行人看他很可怜，就从自己的包里掏出一美元硬币给他，并对他说："快回家吧，别哭了。"不料，孩子哭得更伤心了，边哭边说："如果我没有丢的话，现在就可以有两美元了。"

罗伊教授说："现实生活中，有很多人都像这个小孩一样，受到财富的蛊惑，因而觉得自己不幸福。"钱可以满足人们很多需求，可以让人拥有漂亮的衣服，品尝各种美食，享受舒适、便捷和高品质的物质生活。如果抛开精神层面来看，富有者自然要比贫穷者幸福得多。但是，罗伊教授表示，哈佛大学心理学专家们通过调查研究得出这样一个结论，即财富的多少与幸福感并不成正比，也就是说，并非"越有钱越幸福"。

很多人认为自己工作的动力就是薪水，只有赚更多的钱才会让自己更幸福。这种想法是错误的，因为薪水是工作的报酬，而不是工作的动力，更不会带来更多的幸福。工作的动力应该是自发的，而不是被动的，而幸福也应该是发自内心的，而不需要以物质上的标准来界定。世界上大多数人都在为薪水而工作，而且一辈子只是为了薪水而工作，殊不知，那些真正取得事业成功的人都是有自发工作动力的人，是能够从工作中找到幸福的人。

美国维亚康姆（Viacom）公司董事长萨默·莱德斯通在63岁时才开始着手建立一个庞大的娱乐商业帝国。63岁，在多数人看来是退休、尽享天年的时候，他却在此时做了一个重大的决定，让自己重新回到工作中。而且，他总是一切围绕维亚康姆转，工作日和休息日、个人生活与工作之间没有任何界限，有时甚至一天工作24小时。萨默·莱德斯通对此的看法是："实际上，赚钱从来不是我的动力。让我感到快乐的是我所做的事，我喜欢娱乐业，喜欢我的公司。我有一个愿望，要尽可能地实现生命中最高的价值。"

工作的动力应该来自高于金钱的东西，比如自己的兴趣与爱好，或者自己的某个理想与目标。

哈佛大学研究人员调查了近千名的美国富人，其中一半以上的人表示金钱其实并没有带给他们幸福，资产过千万美元的富人中有三分之一还认为金钱所导致的麻烦远远多于其解决的问题。虽然一些高收入的人也觉得富裕的生活提高了他们对生活的满意度，但是研究发现，他们每天所做的事情并不比收入较低的人更有乐趣，而且整日思索如何去赚更多的钱，还容易让人产生焦虑和急躁的情绪。

显然，从这里我们不难看出，为了赚钱而拼命工作并不能给人带来更多的幸福感。相反，尽管一个人工资起点很低，但只要他坚持努力，寻找工作的乐趣，那么每次的升职加薪都会给他带来很大的成就感和幸福感。

罗伊教授认为，一个人的幸福感首先体现在一些低级的需要（如安全、生理、社交等）得到满足，进一步体现在尊重与自我实现的需要得到满足。那么，如何才能使一个人的种种需要得到满足呢？有时候，财富的确可以做到这一点，而且它也会带给人们这些满足感。可是只拿财富的多少来衡量满足感和幸福感就必然过于狭隘了。

哈佛逻辑精点

除了财富，人还应该有其他方面的追求，比如兴趣爱好、社会价值等，成功的满足感也不是仅凭财富就能衡量的。物质生活也许很容易就能得到满足，但精神上的追求永无止境，人活于世便是为着这个追求而不断奋斗。如果没有精神上的追求，生活将会变得很空虚。有了追求就会有动力，会给自己的生活增添许多乐趣，使生活因多彩而幸福。

把压力当成动力，享受自我提升的幸福

现代社会的竞争越来越激烈，生活节奏日渐加快，从早到晚，杂事纷扰，在学校中考试——愁，在职场中拼搏——累，回到家里——烦，还有诸多对未来的担忧、对现状的不满、对生存压力的无奈……尤其是当面临激烈的竞争压力时，我们总是感到如临大敌，绷紧神经，整天是那样若有所失、惴惴不安！压力让我们焦虑不堪、身心疲惫，以致产生一些偏激甚至绝望的念头。

其实，仔细推究，大量的压力都来源于那些没有达到的期望，包括

我们自己的和别人的。在工作和学习中，压力可能来源于领导、家人对我们过高的期望，但更多的来源于我们给自己设立了过高的甚至不切实际的标准。而后者便是一种最典型的自我施压。当然，还有我们应对压力时那种忙乱的心情，也使得我们在焦头烂额之际，更易感到生活的苍白、繁重，以致生出一种悲观、消极的情绪。试想，在这样的情绪之下，我们的生活还能有多少幸福感可言呢？

当你感到责任重大的时候，也就是你被施加压力的时候，你是否感觉浑身充满了被倚重、被信任的感觉，仿佛天地之间都缺少不了自己的这份努力？对家人、对朋友，我们都应该有一个很好的交代，所以我们不能不化压力为动力。而当我们在前进中得到提升时，正是我们感到最幸福的时刻！

人们总是喜欢抱怨生活中的压力太大，可是我们会发现，有的人在压力面前浑浑噩噩以致无法承受，而有的人却可以在压力面前从容不迫，所以关键在于如何处理压力。当压力来临时，我们一方面要做好应对的准备，另一方面要调整好自己的心态，不要在压力面前放弃自己，也不能迷失自己。

梅琳是某大型集团分公司一位非常优秀的人力资源主管，顶头上司对其工作表现和能力都赞不绝口。这次集团总经理到各个分公司巡查工作，上司想让她在大会上做相关工作汇报，借此机会推荐她去另外一个分公司任人力资源总监。

对于梅琳来说，这是非常难得的晋升机会，所以她非常重视。在她的期盼中，这一天终于到来了，她怀着紧张而又兴奋的心情出席了会议，并做了工作汇报。然而出乎她意料的是，在演讲的时候，一向从容的她竟然心跳加速、小腿发抖，漏掉了许多之前已经背得滚瓜烂熟的要点，而蹩脚的表现也让她与这次晋升机会失之交臂。

一直都表现优异的梅琳为什么会失误呢？其实，在一颗平常心之下，梅琳自然可以正常发挥自己的水平。然而，面对得失，太想获得晋升机会的心态让梅琳失去了平常之心，压力过大，影响了发挥。

与梅琳相反，韦伯却因为没有压力而使得自己的工作效率低下。韦伯从事财务工作多年，从进入公司的第一天起，他就将成为公司的财务总监作为自己的目标，并一直为此努力着。经过自己的不断努力，不久前，他终于达成了愿望。多年的愿望一夕成了现实，欣喜当然不言而喻，可是他也陷入迷茫，当上财务总监后，没有了压力，也就没有了动力，在工作中，他好几次出错，如果不是核查人员的细心，他很有可能就给公司带来巨大的损失。

职场中，相信每个人都经历过或碰到过类似的情况。那么，压力与工作效率之间到底存在着怎样的关系呢？哈佛大学心理学家用心理学理论中的“叶克斯－道森定律”解释了梅琳的失误和韦伯的低效率。所谓“叶克斯－道森定律”是指压力与行为效果之间存在着一种“倒 U 型”关系，适度的压力水平能够使行为效果达到顶峰状态，而过小或过大的压力都会使工作效率降低。

当工作难度提高时，个体焦虑水平也会增加，进而带动个体积极性、主动性以及克服困难的意志力的增强，此时焦虑水平能够对效率起到促进作用；当焦虑水平为中等时，个体的效率最高；而当焦虑水平超过一定限度时，过强的焦虑造成个体的心理负担，进而对能力的发挥产生阻碍作用，使效率降低。

也就是说，压力感过轻或过重都不利于工作效率的发挥。压力感过轻会使人过于放松，忽略防范风险，同时还有可能使人养成回避责任的习惯，这对于事业发展来说是非常不利的；而压力感过重，也会影响正常水平的发挥，导致工作效率低下。因此，对于职场人来说，要善于管理压力，将自己所承受的压力控制在适度的水平上，这样才能让自己集中注意力，提高忍受力，增强身体活力，减少错误的发生，提高工作效率。

哈佛逻辑精点

哈佛医学院教授罗伯特·布鲁克思认为，有压力感就说明人有上进心，说明自己不甘心落后，认识到这一点，我们就不应把压力当成敌人来看。同时，我们应该锻炼自己的心理承受能力，并学会适当地释放压力，不要让它越聚越大。久而久之，我们在面对大事的时候就会从容应对了。此时你会发觉，自己仿佛已经脱胎换骨，可以坦然享受自我提升后的幸福感。

Lesson 10

处世逻辑：世事洞明皆学问

为人处世，说起来容易，做起来却很难。为什么有些人可以左右逢源、如鱼得水，而有些人总不招人待见？归根结底还是取决于会不会做人、会不会处世。处世逻辑，就是教你明察秋毫的能耐：别人不注意的现象你要注意，别人看不见的东西你要看见，别人发现不了的问题你要发现。对一个事物，你只要一经过目，就要洞察其中的蛛丝马迹，要透过现象看到本质，迅速作出正确判断，这样才能把信息转化为机遇和财富，同时也避免由于自己的过失引起麻烦。

将“我栽跟头了”改为“我学到了”

没有谁的人生是一帆风顺的，哪怕你富可敌国、身居高位，一样会遭遇失败。因为不管我们做什么事情，都会存在阻力和干扰，当这些阻力和干扰大过我们的能力和毅力时，我们就会走向失败。但是，失败并不就是一无是处的，它可以给你提供经验和教训，让你吃一堑长一智，避免再犯同样的错误；它还可以磨砺你的心智，让你能勇敢面对人生的不如意，增强自己的意志力。

如果一个人的人生过于平顺，那么在突如其来的失败面前，他一定难以招架，最终会一触即溃。所以，适当经历些失败，对我们是有益的。但是，如果在失败面前，我们总是无动于衷，那这样的失败对于我们来说就毫无意义了。只有在失败来临之际，正视失败，总结经验教训，我们才会吸取失败带来的正面效应，从而变得更加坚强。

人生之路，一帆风顺者少，曲折坎坷者多，成功是由无数次失败构成的，正如通用电气公司创始人沃特所说：“通向成功的路，即把你失败的次数增加一倍。”但失败对人来说毕竟是一种“负性刺激”，总会使人产生不愉快、沮丧、自卑的情绪。那么，我们该如何面对呢？

遇到失败和挫折，我们要能够正确分析主、客观原因，并找出相应的解决之道，此外，我们还要降低期望值。虽然失败、挫折有时是由某些客观原因和不可抗拒因素造成的，但是更多的时候是由设定的期望值过高所致。适当调整期望值，会让你经常享受到成功的喜悦。不断实现目标，不断增强自信，长此以往，自卑心理就能逐步得到克服乃至摆脱。

拿破仑·希尔说：“不管如何失败，都只不过是不断茁壮发展过程中的一幕。”成功是由若干步骤组成的，人生低谷只是其中的某个步骤而已，如果因为它停止了前进的脚步，那将是非常愚蠢的。因此，只要我们在失败面前不气馁，化痛苦为动力，化悲观为乐观，那么成功就在不远处召唤和等待着我们。

当我们的人生处于低谷时，千万不要灰心沮丧，更不要让暂时的失败夺走生活中的所有幸福感。成功属于那些勤奋的人，只要你奋力向前，成功就一定会与你碰面。

哈佛逻辑精点

在哈佛的毕业典礼上，《哈利·波特》的作者J.K.罗琳说：“虽然你们大多不会失败得很惨很彻底，但你们不可能在任何事情上都没有任何程度的失败。如果你因为生活谨小慎微而没有任何失败，那么这样的生活本身就是失败的。所以我认为，失败有一些意想不到的好处。”所以，当我们遭遇失败时，不要逃避，也不要自暴自弃，而应该勇敢地正视它，并吸取教训，努力规正自己的言行。

突破常规才能创造奇迹

有一家酒店因为生意很好而顾客爆满，但是酒店在建造时只在内部安装了一部电梯。现在顾客这么多，所以上下楼的速度大受影响，导致许多房客十分不满。为解决这一问题，老板找来建筑师，希望他对此做出改善，但是建筑师想了好几天都没能想出一个解决办法。

有一天，老板跟建筑师在大厅里为此事吵了起来，一个清洁工站在那里听到了，他大胆地走上前去跟老板说："如果我是建筑师，我会选择在楼外面安装一部升降机。"老板和建筑师一听，豁然开朗。在外面安装一部电梯不仅非常简单，还能够解决上下楼的问题。原本很难解决的问题，只要换个角度思考，一下子就变得十分简单。

每个人都会对新鲜事物产生好奇心，有些人大胆地将其表露出来，并且勇于探寻，突破常规；而另一些人出于这样或那样的顾虑，将好奇心打压下去，久而久之，就对新鲜事物和未知领域形成畏惧的心理。其实，勇于突破、挑战未知是一个人成长和走向成熟的标志。在突破常规的过程中，人们不仅可以体验各种新鲜事物，还能够学习到很多知识，积累宝贵的人生经验，而这一切恰恰是一个人在社会中扎根、生长的绝佳资本。

一年冬天，美国北部一连几天都在下暴雪，积雪压断了高压电线，多个地区损失惨重。美国通用电力公司连忙召开紧急会议，不同专业的技术人员都参与了讨论，力求找出一套可行性较强的除雪方案。

在明确会议的目的后，大家开始讨论，所提出的方案五花八门，但是可行性都不是很大。在中场休息的时候，一个技术员开玩笑地说道："带上扫帚，坐直升机去除雪。"本是一句玩笑话，可是听者有心。很多人觉得这个提议可以加以改善，于是在共同的研究后，一种简单且高效的除雪方法制定出来。最终，一个大胆的新方案诞生了——利用直升机高速飞过时产生的气流来清除积雪。对于这个方案，一些人提出了质疑，经过现场试验，发现用直升机扇雪真能奏效，一个久悬未决的难题终于被解决了。

要想在竞争激烈的社会中获得成功，就必须运用创新的思维进行学习探索，要在原有学习优势的基础上，不断探寻新知识、新方法。在当今这个经济时代里，每个人的生存环境都发生了很大的变化，面对充满变数的未来，只有大胆探索，敢于突破常规，才能创造奇迹。

肯·罗宾斯是一位杰出的企业家，他的成功来之不易。一开始，肯·罗宾斯依靠推销鱼缸养活自己，他曾充满自信地拉了一车鱼缸去一个小镇推销，但是那个地方没有人爱好养鱼。在那里推销一段时间后，肯·罗宾斯并没有卖出一个鱼缸。当地人劝他换个地方，也许别的小镇需要这种工艺精美的鱼缸。

肯·罗宾斯没有退却，而是去城里的花鸟市场买了500条金鱼，之后来到小镇上游的水渠边，将金鱼都放进了水里。看到水渠中游动着漂亮的金鱼，当地人兴奋极了，甚至有人跳进水渠里捕捉金鱼。捉到金鱼的人都想到了肯·罗宾斯的鱼缸，于是兴高采烈地买来鱼缸养金鱼。而那些没有捕到金鱼的人也纷纷来抢购鱼缸，因为他们在想：也许明天就能捉到一条金鱼，鱼缸早晚能用得上。

就这样，几千个鱼缸很快就被抢购一空，而肯·罗宾斯也发了一笔小财，为自己的人生掘到了“第一桶金”。

打破常规思维模式，你会发现解决问题的途径不止一条，你就可以从中选择出最佳路径，更快、更有效地解决问题。否则，一根筋地往前走，那肯定是要碰壁的。常规是约束创造力的枷锁，如果我们能够打破常规，冲出重围，我们就可以开启成功的大门；否则，我们永远只能在成功边缘徘徊。

哈佛逻辑精点

哈佛大学商学院知名教授约翰·科特说：“向未知宣战的直接结果是提高头脑智能。”在不断变化中敢于打破常规的人才是聪明人。

他们通过改变自己固守的心态来挑战自我、超越自我，不断更新观念、完善内心，并最终打造一个全新的自己。社会在发展，个人也要进步，在与时俱进中打破常规，不断推陈出新，才能取得更高层次的成功。

逃避是最愚蠢的自保

在1898年美西战争期间，美国总统希望能够和西班牙反抗军首领加西亚取得联系，不过加西亚一直以来都居住在古巴的丛林中，根本就没有办法联系到他。

由于军情紧急，美国总统麦金莱急需一名优秀的特使把信送到加西亚手里，军事情报局就推荐了中尉安德鲁·罗文。但是美军中根本没有人见过加西亚，没有人知道他到底是谁，也没有人知道他具体在什么地方，罗文不知道如何把信交给对方，或者如何联系上接头的人，而且他一路上一定会遇到各种困难和障碍，总而言之，这是一个非常艰巨的任务。

不过罗文却没有推辞，而是勇敢地接受了这一任务。他认为一个军人就应该担负起自身的责任，就应该主动去挑起重担，何况这封信关乎国家的命运，于是他很快拿着信出发了。在经历重重困难后，罗文最终顺利地将总统的信件交到加西亚将军手中，出色地完成了任务，他也因此成为扭转整个战局的关键人物。

“生活的秘密就是没有秘密。不管你的目标是什么，只要乐于付出，你便能够得到。”脱口秀主持人奥普拉·温弗里如是说。人在出生以后，注定要与各种各样的困难打交道，有可能每走一步都会遇到困难，时时面临错综复杂的困难，处处感受到困难的威胁。它们有些来自生活，有些来自工作。面对困难，你是选择逃避，还是勇敢地面对，决定了你日后会有怎样的成就。

在很多时候，我们常常会因为各种各样的困难而退缩。因为害怕失败和承担后果，所以我们对发生的一切都采取逃避的态度。我们常常只愿意做那些自己有把握的事情，只愿意做自己想做的事情，而不希望接受或主动承担任何其他的任务，这不能算是完完全全的自私，但却是实实在在的逃避。在那些难以解决的问题面前，我们总是畏畏缩缩，总是想尽办法绕过所有障碍，这样的想法和做法只会让我们变得更加懦弱，变得更加弱小。

一直以来，哲学家苏格拉底似乎总是以一个柔弱文人的形象面对公众，但是事实上他比多数男人更强大，也更具责任感。早年他曾是一名军人，在参加战争时，看到受伤的战友被俘，他直接冲入敌营，奋起抵抗，最终将战友和他的武器一同带回营地。因此，他得到了政府奖赏的最高荣誉勋章。别人问他为什么这么拼命，他笑着说："这是一个男子汉应该要做的。"

晚年的他一直致力于传播真理和哲学，当他被判处死刑的时候，有朋友试图帮助他逃走，但他直接拒绝了，并坦然地说："我应该为我的信仰尽最后的职责。"他把宣扬真理的重任扛在自己身上，而在担负起教育青年的任务时，他没有丝毫的退缩，正如他自己所说的那样："职责高于生命。"

承担是自我实现、自我认可的一部分，是自我塑造、自我提升的一部分。敢于承担责任，所代表的不仅仅是坚强和勇敢，更多的是生活和社会所赋予的一种崇高的使命感、人生观和价值观；敢于承担责任也是一种从年轻走向沉稳、从成长走向成熟的标志。

痛苦永远属于失败者与放弃者。可以说，面对困难时的心态直接预示你在日后人生旅途中将会看到怎样的风景。遭遇难题之后，你首先应该意识到的是，希望永远与困难同在，挑战背后往往是机遇。只要敢于勇敢地面对难题，并付出踏实自觉的努力，你便有机会成为竞争与挑战中的胜利者。

恭维话是香水，能闻不能喝

恭维话谁都爱听，它让你舒坦、顺心，有那么点儿飘飘然，有那么点儿自命不凡。但是，倘若你进入社会，在恭维话面前还有这些反应，说明你还不够成熟，尚需进一步历练。活跃于社交圈子的人都明白，恭维话是香水，味道好是好，但是不能喝。

领导恭维你，你除了感谢领导的信任和栽培，马上就要反思自己还有什么要提高的地方；同事恭维你，你要回赞别人，千万别让人家用几句恭维话弄晕你，趁机拖你下水干坏事；下属恭维你，你更要提防，一边好好享受被恭维的乐趣，一边保持清醒，当心他别有企图；客户恭维你，你要盯紧手中的合同和订单，看看上面有没有多儿重陷阱！

你是不是觉得有些危言耸听？但社交圈子里就是这样。任何一句好话都不可能仅仅是“好话”那么简单，背后有无穷无尽的潜台词，它可以是滋润你的养料，更可能是哄骗你的陷阱。

托马斯就职于某广告公司，负责平面设计工作。他非常喜欢自己的职业，所以工作认真勤奋，经常第一个到公司而最后一个离开公司。上司对他赞赏有加，经常在集体会议中当着所有员工的面表扬托马斯。托马斯觉得这是上司对自己的信任和赏识，所以就更加努力地工作。但是，他逐渐发觉自己被孤立了。

上司越是说托马斯的好话，办公室的同事，尤其是年长的同事反而越会用异样的眼光看托马斯。领导的好话仿佛成了一道屏障，把托马斯和其他同事隔开了。这让托马斯很是郁闷，难道努力工作也有错吗？如果他们希望被表扬，为什么自己不主动工作呢？

其实，托马斯就是中了恭维话的“毒”，而上司不断地说托马斯的好话，并不是因为托马斯真的干得有多好，而是上司熟练地运用了一种管理方法，既让托马斯在受表扬的同时加倍努力地工作，又让同事嫉妒他，防止他因为优秀而自满，搞起自己的“小圈子”。这种“树立典型”“聚光灯”效应不过是管理者通用的手腕，意在树立一个积极向上的典型，让大家都向早来晚走的托马斯看齐，把托马斯放在“聚光灯”下，让大家都看着他，监督他。

不仅上司把“恭维话”当作管理手腕，同事或朋友也可能把它视为工具。如果某个同事老在你耳边夸你“能力真强啊”“学历真高啊”“前途无量”等，你也不能太当真。听到恭维话，你可以选择左耳进右耳出，不让它在大脑中发挥作用。

美国著名作家威廉·福克纳说：“不要竭尽全力去和你的同僚竞争。你应该在乎的是，你要比现在的你强。”也就是说，受表扬、被恭维是一回事，你自己究竟干得如何，要做到心里有数，不能被几句好话蒙蔽了心智，看不清自己的分量。

至于那些起到“壁垒”作用的恭维话，就要靠你的实际行动去打破了。受到上司的表扬和嘉奖后，你在其他同事面前不要表现出洋洋得意的样子，要在年长同事面前表现得谦虚一些，稍微收敛一下，不要过于张扬，不要让其他同事感觉到太大的竞争压力，相信这样就可以改变别人对你的态度，而你也能够在社交圈子里安稳地扎根。

哈佛逻辑精点

“恭维是开给别人的一张空头支票。”所以，恭维话一不能乱说，二不能常用同一说法，三不可多说。不分场合地乱说很容易产生尴尬的局面；常用同一说法，再好的语言也会让人感觉索然无味；而恭维话说得太多，同样会让人反感，甚至认为你是个虚伪的人。同时，我们在生活中，要注意少听恭维话，多听真心话，不要排斥牢骚话和刺耳的话，只要对自己有启发，就一定要用心记下来。

使别人有面子地接受批评

俗话说：“有理走遍天下，无理寸步难行。”似乎有理就有了正义，就有了制敌克敌的法宝，不过有理并不意味着你可以为所欲为。得理只是说明你在道德和法律上有了立足点，但是在人心道义上不能真正说服对方，而让对方心服口服才是重点。得理并不意味着胜利，只要对方不接受，你的批评教育就是无用功，所以得理时更要注意对方的面子，如果死死抓住对方的错误不放，就会激起对方的反感和愤怒，而不能达到让对方心服的效果。

每个人都有自尊，都不希望别人对自己的所作所为指手画脚，即便自己真的理亏，也要犟着嘴死不承认。但并非每个人都顽固不化，他们内心死守的阵地还是会有一些松动的迹象，只要选择适当的方法加以劝导，就一定能够说服他们。不过，这对说服者而言是一个技巧活儿，因为“理”并不是万能的，对一个不开化的人讲道理就无异于对牛弹琴。再者，如果得理不饶人，不仅会伤害到对方，也难以使对方感觉到错误所在，对方一定不会认真听你的劝告，更不会甘心服从于你。

在多数人眼中，得理就是为了得势，一旦气势起来了，就可以把对方彻底征服。这样想无可厚非，可是气势千万不能太过，如果咄咄逼人的话，“理”的作用也就完全丧失了，反而对方会加大对你的仇视。做到得理不得势很重要，不要借着得理的劲头全盘否定对方，否则只会给对方造成更大的伤害。做人做事一定要给对方留足面子，自己得理也要给别人留三分余地，以便能够尽可能地减少双方的矛盾冲突，真正做到以德服人。说个施瓦布的故事，让我们来看看他的手段。

一天，施瓦布走进自己的钢厂，看到几个员工正在车间里吸烟，而在他们头顶上就悬挂着大大的“严禁吸烟”警示牌。施瓦布心里有些生气，但他并没有指着那块牌子对员工们说：“你们站在这里抽烟，难道你们看不见吗？”相反，他朝那些人走过去，友好地给每人递上一支雪茄，并微笑着说道：“孩子们，如果你们能到外面去抽掉这些雪茄，我将十分感谢。”那些吸烟的人立刻意识到自己的错误，并对施瓦布万分敬佩。

施瓦布没有简单粗暴地斥责员工们的错误，而是充分考虑到对方的自尊心，用委婉的方式表达出来。在这样的领导面前，谁还忍心不努力工作呢？在指出别人错误的同时，还能保住对方的面子，对方必将对你感恩戴德。

在试图劝说或征服对手时，无论有没有理，都一定要记得给对方留一点儿余地，这样可以尽量消除双方的对立情绪，是人际交往的一个技巧。咄咄逼人只会不断加大矛盾冲突，把局面弄得更僵。

俗话说“有理不在声高”，可现实生活中往往是谁有理谁就声高，而且理占得越多声音就越高，原本用于自我维护的“道理”反倒成了刁难别人的工具，甚至变味成了“仗势欺人”。得理者有恃无恐，不把对方批评得体无完肤决不罢休；而理亏者干脆将计就计，抛开脸面与对方纠缠到底，有的人被逼急了，甚至还会做出过激的举动，这对得理者而言绝对不是什么好事。

避免随口而出的“率直之言”伤害他人，无疑是说话的最高境界。其实，生活中很多矛盾都是由这些不分场合的“直言”所引起的。因此，在对别人提出看法或意见的时候，要尽量采用对方可以接受的方式。温和的态度、暖心的话语，任何时候都是让对方心悦诚服的重要武器，而强制的手段、生硬的话语很可能会事与愿违。

哈佛逻辑精点

“如果你经常批评别人，何不试着赞美别人？开始批评之前，最好先略加赞美。如果你想要更受人欢迎，尽量多赞美，少批评。”所以，我们得理时要懂得忍让，得势时则不妨低调一些，不要动不动就把对方逼上绝路，或者让对方太过难堪，这样只会招来更多的怨恨甚至报复。

Lesson 11

投资逻辑：换个观念，你便是赢家

挣第二个100万元要比挣第一个容易得多。言外之意，就是让钱生钱更容易。第一个100万元是靠体力拼来的，是当小学徒勤学苦练得来的；挣第二个100万元的时候你就得用脑力，让别人给你赚钱，让钱给你“生”钱。投资的逻辑，把自己手里有限的钱盘活，灵活运用到金融市场去挣钱。

“富裕”和“经济学”的逻辑关系

富裕可以分为两种，物质生活的富裕和精神世界的富裕。当然，最刺激我们神经的还是物质上的富裕。在讲述获得物质财富的方法之前，我们需要先从理论上探索物质上的富裕和经济学的关系。学了经济学，虽不能保证你会变得像比尔·盖茨、巴菲特那样富裕，但是你能了解到他们是如何白手起家变富裕的。

经济学研究的是一个社会如何利用稀缺的资源生产有价值的物品和劳务，并将它们在不同的人中间进行分配。这样看来，经济仿佛与我们的个人生活有点儿远，其实不然。个人的财富跟国家的财富有相似之处，国家财富产生的决定因素套用到个人财富上就是：你挣钱的技术、技巧和判断力；你要养活几个人。

个人的“富裕”与“经济学”就这么联系起来了。所以说，经济学是“经世济民”的学问，它既能促进国家发展，也能促使个人致富。竟然有这么诱人的学问！我们在学习之前要先明确学习的目标，漫无目的地学习理论是最没效率的，有目的性地带着问题去看书效果才好。

首先，我们要搞清楚“富裕”的含义是什么。现在，有两个人站在你面前，A是个富家子弟，继承了一大笔遗产，有很多钱，但是很小气，甚至到了吝啬的程度，不愿意把钱拿出去做投资、做生意。B是个大企业里的高级打工仔，有不错的职位和丰厚的薪水，还在网上跟朋友合伙投资开了一家小店，卖数码产品。你觉得这两个人谁更富裕？

保守一点的人可能觉得，有万贯家财才好，哪怕守着金子不花出去，心里也踏实。但是，从长远看，后者随着工作年限的增长和网店生意的越发红火，他的财富会越来越多，而且，他在公司职位不低，说明他很会处理职场关系，能力很强；能够跟朋友合伙做生意，说明他有头脑、会应酬，这种人的生活才会是多姿多彩的。相反，前者像葛朗台一样只会眼睁睁地看着财富减少，到了钱花完的那一天，他就彻底傻眼了。这么一比较，还是 B 属于富裕一族，而且会越来越富裕。即使某天他离开公司，或者网店经营欠佳，相信他也有能力“再就业”。

在亚当·斯密成名之前，人们认为黄金就是富裕的标志，将拥有许多黄金的人视为有钱人，拥有许多黄金的国家视为富裕的国家。所以，寻找金矿是那个年代的人们最热衷的事。当时还没有像美元或者欧元这类货币，人们一律使用黄金来进行各种交易。政府尽量减少进口，因为那样会导致黄金向外流失；相反，政府不计较手段与方法，尽量对外出口，因为那样黄金会随着货物出口而大量涌入。

亚当·斯密强烈反对这样的政策，他认为，拥有再多的黄金也不见得能够致富，黄金既不能拿来吃，也不能拿来穿，如果没有能够填饱肚子的食物，没有能够挡风御寒的衣服，再多的黄金也无济于事。

亚当·斯密主张一个国家的富裕并不在于拥有多少黄金，而在于拥有多少食物、衣服等民生必需品。因此，他认为应当放开进出口，鼓励市场资源的流动与配置。

哈佛逻辑精点

亚当·斯密在给政府出谋划策的同时，也给广大老百姓上了一堂很好的经济学课程。国家要富裕，除了有金子，还要花金子、会花金子，让金子给人带来生活必需品及其之外的生活享受。同理，个人要富裕，除了赚钱、存钱，还要舍得花钱、会花钱，除了用手里的钱解决衣、食、住、行等最基本的生活需要外，还要用它带来其他层面的享受。当你运用自己的智慧挣到了钱，又享受了生活中的乐趣时，你才真正富裕了。

利益往往隐藏在风险的背后

汤姆·包得文是华尔街某证券交易所内进出金额最大的操盘手，他被人们称为“短线投资的超级冒险王”，他成功的关键就在于其敢迎接风险的挑战。他总是认为一个成功的交易员不需要接受太多的培训，因为大多数人都会被培训所束缚。知道得越多，反而越不能随心所欲地进行交易，不敢去承担风险。

包得文认为，一个成功的操盘手，在股票交易发生亏损的时候，一定不要手忙脚乱、畏首畏尾，要保持冷静的态度，认真分析并选择最佳的运作方式，一旦不能忍受亏损带来的风险而轻易作出判断和决策，就会扩大亏损的规模。只有具备应对风险的能力，才能更好地制定相应的策略。

有一句俗话，“撑死胆大的，饿死胆小的。”对此，我们可以用逻辑学来加以解释：胆大，可能有风险，也可能没有风险，但收益可观，而且即使有风险，也是在自己心理承受范围内的；胆小，没有风险，也没有收益。或者换句话说，胆大是找死，但可能死中求活；胆小是等死，而且必死无疑。

1984年，36岁的阿诺特决定将当时濒临破产的服装帝国迪奥集团购买下来。这一想法一公开，便引发了时尚界的集体嘲讽：迪奥曾经辉煌，可它现在已经没落，其余晖已经不再闪耀，阿诺特以家族建筑企业做抵押，将大一倍的迪奥收购下来，不是愚蠢便是疯狂。

接手经营后不久，阿诺特再出怪招。他将迪奥原本的首席设计师辞退，并起用了一位名不见经传的英国人来担任产品设计的主持，这更是引发了公众的讥讽，甚至连家人也认为阿诺特是在败坏家业，纷纷对其指责。

面对家人的反对与质疑，阿诺特将自己购买迪奥并进行大规模人事调整的原因一一道出："公众都对我购买迪奥之举进行批评，并认为这是一种无谓的冒险行为，是因为他们只看到了迪奥因其经营不善而导致的产品滞销，却忽略了它多年来建立起的全球性奢侈品牌的巨大商业价值。太多的人都习惯于站着看事物，所以往往只关注它的现在；而我更喜欢躺下来看，更多地对它的过去与未来进行分析。"

最终，阿诺特排除了异议，起用了新的设计师。果然，在进行产品形象的重塑以后，迪奥作为世界顶级奢侈品牌的感召力得以迅速恢复，而阿诺特也因此挖掘到自进军时尚品牌领域后的第一桶金。

在此后长达 26 年的时间里，他接连"冒险"，并购了已呈衰败之势的路易 · 威登、纪梵希等各大世界级品牌，并大获成功，成功地组建起全球最大的时尚帝国，一举成为现代时尚帝国中的最高领袖。

一般情况下，风险越高，人就越容易恐慌和崩溃。在遇到困难的时候，由于缺乏相关的阅历和经验，人们总是显得不知所措，总是表现得恐慌畏惧。然而，当你害怕去冒险和面对困难的时候，也许你已经没有办法获得成功了。

几乎所有的成功者都有这样的特质：他们敢于冒险，并认为接受风险是人生创富的第一步。其实，这里的风险真的如同我们想象中的那样可怕，但是成功者在转变角度作出决定以后，这些风险早已成了他们人生中的一件再正常不过的事情。正如作家苏森·吉夫斯所说的："只要我不断地将自己推向世界，只要我继续提高自己的能力，只要我继续经历新的冒险以便使梦想成真，我便一定要承担风险。"的确，一个不敢冒险的人在避免风险的同时，也错过了胜利；一个害怕牺牲的人往往也以失败告终。

一位哲学家曾说过："最有价值的生活往往在于那些难以进入的困难地带。"不管是在军事上、商业竞争上，还是在人生中，一个人的魄力往往体现在他是否敢于背水一战，或者勇敢地开拓新的道路。想要迈向成功，看到更美丽的风景，冒险必不可少，但是冒险绝对不是赌博，顶住压力与风险去创造、去开拓的基础是，你个人有能力去承受风险，能确定自己可以从风险中获得既定的收益。

哈佛逻辑精点

从哈佛大部分成功者的经历中，你可以得到这样的结论：没有风险便不会有机遇，没有机遇便很难成功。正如美国第二任总统、哈佛学子约翰·亚当斯所说："世界上没有解决不了的问题，只要你开动脑筋，只要你敢于冒险，一切问题都会迎刃而解。"敢于冒险，并能够理智地判断出哪些事是可以冒险的、哪些最好循规蹈矩，是我们在现实生活中需要不断锻炼的能力。

及时"止损"也是一种盈利

在我们受到的教育中，"坚持到底"一向是被提倡的：胜利在于最后五分钟、坚持就是胜利、不可半途而废……如此种种，不一而足。可是有些时候，“坚持到底”并不能把你带向胜利，反而会引你走向一场灾难。因此，如果能够审时度势地作出正确的判断，“半途而废”也不失为一种明智的选择。

在经济学中，有一个概念是“沉没成本”，是指为完成某个计划（活动、项目）已经发生、不可收回的支出，如时间、金钱、精力等。生活中，人们在判断是否要继续做一件事情的时候，不仅要考虑自己会从中得到什么好处，而且要特别注意自己已经在这件事情上的投入。如果你已经付出很大的成本，一旦计划无法实现，所有的投入就可能白白损失掉。举例来说，你购买了一张电影票，付款时被告知不能退票，但你看了一半发现这是个很糟糕的片子，此时就算你不继续看下去，钱也退不回来，电影票的价钱就是你的“沉没成本”。哈佛经济学家们认为，如果你是理性的，那就不该在作决策时考虑“沉没成本”。

在这个看电影的例子中，你可以有两种选择：一个是强忍着看完；另一个是离开去做别的事情。上述两种情况下，你都已经付了钱，而且无法退回，所以就不应该再纠结于“沉没成本”问题。如果你后悔买票了，那么你当前的决定应该是基于你是否想继续看这部电影，而不是你已经为这部电影付了多少钱。哈佛经济学家们会建议选择后者，因为这样你只是花了点冤枉钱，而选择前者，也就是说你忍着看完一场你并不认为好看的电影，那么你不仅花了冤枉钱，还遭了冤枉罪。

这就告诉我们，你如果在作决策时对“沉没成本”过分眷恋，就会继续原来的错误，造成更大的亏损。相比之下，“半途而废”的做法恰恰是对“沉没成本”毅然决然地抛弃，看似产生了损失，实际上是止住损失的唯一可行之策。

一位老人乘船出海，突然刮了一阵风，把他的帽子吹到海里去了，老人却像没有事情发生一样，仍然在那里低着头看报纸。有人就提醒他："先生，您的帽子被风吹到海里去了。"老人说："是呀，我知道它被风吹到海里去了。"说完继续看他的报纸。提醒他的人很惊讶地问："你的帽子值几十美元吧，你怎么好像一点儿也不心疼啊？"老人说："我怎么能不心疼呢！我只是在想，应该怎样省钱再买顶新的。帽子丢了虽然很可惜，不过我可以为此买一顶新的帽子，也是件值得高兴的事。"

这位老人便是深谙"止损"道理的精明人。既然已经损失一顶帽子，如果还要为自己的过失悔恨万千，那么损失势必会持续下去，不仅会失去好心情，还可能因为心不在焉做出其他错事。试想，如果老人发现帽子落水后慌忙跳入水中打捞，那么就有可能因为小小的一顶帽子而付出生命的代价。由此便可看出"止损"的重要性。

懂得"止损"，对于投资者来说，意义则更加重大。有一位股民看好了一只股票，先后分几次买入 1 万股，可惜没过多久，该股价格便从买入时的每股 30 美元跌到了 20 美元。这位股民托人找到一位经济学家，请他帮忙分析自己应该怎么办。经济学家通过研究分析后告诉该股民，这只股票本来就不值这么多钱，最好现在就把这只股票全部卖掉，这样失去的只有"沉没成本"。谁知这位股民反应强烈，激动地说："卖掉后，我的血汗钱不就没了？"后来这只股票跌到 10 美元都不到的时候，该股民再也扛不住，终于卖掉了股票。

许多投资者在计算他们财富的时候，记忆永远停留在他们曾经达到的最辉煌的那一刻，常将某一天的最高市值视为已到手的收益，然后以那一刻为准计算自己的得失。其实，过去的市值都属于"沉没成本"，天天看自己账户上市值的变化并没有任何意义，反而容易产生一种心理错觉，让人患得患失。

哈佛逻辑精点

无论是投资还是人生，我们难免会走一些弯路，经历一些难以承受的损失，如果懂得“沉没成本”的概念和“止损”的重要性，我们可能会赢得一种更为积极的人生。就像一句富有哲理的话，“既然已经失去了太阳，就不要再错过星星。”

不要把所有的鸡蛋都放在一个篮子里

“股神”巴菲特似乎是股票市场的异类，他总是选择和别人不一样的道路，当然这也是他可以成为“股神”而别人不可以的原因。在他看来，分散投资没有任何成效，不如集中起来，这样可以保证利益的最大化，而且他的确是这样做的，比如他所持有的可口可乐公司的股票，一直以来都在为他创造不菲的利润。但是在其他炒股人士看来，将鸡蛋全部放在一个篮子里显然太过冒险，因为这就意味着多数情况下，我们只有一次赢的机会，当然也只有一次输的机会。我们毕竟不是巴菲特，不是被万人敬仰的“股神”，而他的成功也不是能够轻易复制的，所以没有必要仿效他的做法，因为我们当中的多数人都输不起。将资本集中起来的好处固然是能够有效地利用资源，但是风险往往也会随之加大，我们规避风险的机会和能力也会大大降低，而将资本分散开来就可以很好地分散风险，降低失败的压力。投资不是赌博，不是一局分胜负的运气游戏，而是需要精细的估算和隐秘的策略，即便一个风险偏好者也不应该贸然将所有的资本当成一个筹码来使用。很多时候，我们需要谨慎一些，需要有忧患意识，虽然没有人能够准确预料到接下来会发生什么，但是至少每个人都可以更好地做一些防备工作。投资当然是为了得到最大化的效益，不过我们必须时时考虑那些潜在的风险，尤其是当我们没有十足的把握去获得应有的收益时，我们更应该保持冷静的态度，不要盲目去下赌注，更不要轻易就把所有的鸡蛋放在一个篮子里。

哲学家尼采说过："朋友，如果你是幸运的，你只需有一种道德而不要贪多。这样，你会过得更容易些。"抛开道德不说，没有人会拒绝得到更多，但问题是你可能会失去更多，甚至就此一无所有。你的赌注越集中，也就意味着你所承担的风险也越集中，你不懂得分散篮子里的鸡蛋，也就不懂得去保护所有鸡蛋的安全。其实，没有谁可以保证自己能够做到万无一失，也没有谁能够保证自己会在投资中始终占据先机，而那些不可预知的风险是客观存在的，哪怕只有百分之一的可能，我们也不能轻易忽略掉，因为从胜负的角度来说，依然是一半对一半的比例分配。投资需要勇气，但也需要细心和冷静的头脑，多数时候我们根本输不起，所以不应该也不值得去孤注一掷。很多时候，我们需要看得更长远一些，需要具备强烈的危机意识，从而谨慎地给自己留下足够多的选择方案，这实际上等于给自己留下了更多的退路。分散开来固然会减小每一种资本的利用价值，但反过来也分散了风险，提高了承担风险的能力，给予我们更多的安全保障。譬如理财，理财专家们绝对不会建议别人将所有的财产全部存入银行，或者全部用于投资，这样的做法实在太过冒险，其中任何一种处理方式都具有不可预知的风险，而这显然是理财的大忌。财产应该合理进行规划和支配，部分用于储蓄，部分用于支出，部分用作投资，部分用于购买保险，这样一来就可以避免出现单一的支配方式，也使财产安排达到相对平衡的状态。当我们将所有的鸡蛋都放在一个篮子里时，就人为地将自己置于"非赢即输"的极端境地。当然，如果恰好结果是赢，那么这时的效益显然会是最大的。然而，事实上，我们很难达到利益的最大化。一旦发生意外，我们就将接受最坏的结果。好的投资逻辑通常是一种平衡稳定中的趋利选择，因为存在各种不可预测的风险，那种理想化的最大化效益常常难以实现。我们一旦遇到不确定性因素时，就应当保留各种可能性，数学模型中有一个最大熵原理：在任何情况下，我们的预测都应当满足全部已知的条件，而对那些未知的情况不要作出任何主观假设，不要主观地认为这些小概率事件可以忽视。这实际上不利于风险规避，只有概率、时间分布最均匀，风险才最低，换句话说，每一种可能性都有所考虑和顾及，那么所承担的风险就会降到最低值。

哈佛逻辑精点

哈佛大学经济学教授乔治·曼克曾告诫学员："你们要懂得给自己留下更多的空间，给自己留下更多缓冲的地带，对各种信息加以分析和预测，哪怕是那些小概率事件也不能轻易忽视掉，因为毕竟它们还是有可能会发生的。"我们必须提高规避风险的能力，确保自己可以更加稳当地获得更大的利益，而这才是投资逻辑的现实意义。

当别人贪婪时，你要懂得害怕

我们在前面提倡"敢于冒险"，又倡导"规避风险"，这似乎在逻辑上存在着矛盾。其实，这种矛盾只会在错误地将二者放于同一时间、同一情况下考虑时才会出现。那么，什么时候该"冒险"，什么时候该"避险”呢？我们可以从投资大师巴菲特身上找寻答案。

“股神”巴菲特的确是一个奇人，但他也是一个怪人。他 11 岁就开始炒股，已经 90 多岁，却仍然像年轻人那样活跃在世界经济大舞台上。

某记者曾采访“股神”巴菲特，问他有什么秘诀，如何才能在股市中赢利不亏，巴菲特淡淡一笑，说道：“道理说出来其实很简单，就是当别人贪婪时你要变得害怕，当别人害怕时你要变得贪婪。”

这就是巴菲特的“炒股真经”，其思维方式看起来有些“怪异”，但从逻辑学的观点来分析，这些看起来怪异的思维却又非常正常，它就是我们常说的逆向思维。

从动物进化为人之后，我们就有了很强的社会性，离开了社会，一个人是很难甚至不能独立生存的，社会性是人类社会的一大特征。但是，这种社会性也对我们产生了一定的负面影响。比如，凡事看趋势、随大流的思维习惯有时就会发生问题，这些负面影响是我们必须尽力克服的。为什么股市中有那么多输家？为什么做生意永远是赚的少赔的多？为什么成功者永远是少数人？这些无不与我们随大流的思维方式有关。有了随大流的思维，你就无法采用“少数派策略”，你就会不假思索地跟着千军万马奔向拥挤的“阳关道”，反而偏偏忽略了没有人去走的“独木桥”。

理查 · 丹尼斯是美国期货市场的传奇人物，他曾经依靠 400 美元滚雪球般地赚到 2 亿美元，创造了期货市场交易的奇迹。丹尼斯成功的一方面原因就在于他具备反向操作的理念，懂得如何进行反向操作。他了解到期货市场存在着一种“市场心理指标”，即 80% 的交易者看多，则表示头部不远了，行情会跌；80% 的交易者看空，则表示底部不远了，行情一定会上涨。

丹尼斯认为真理只掌握在少数人手中，多数人的观点都是错误的，因为期货市场中的大部分人都在赔钱，只有区别于众人的投资理念和投资方法，自己才能真正获益，所以他总是特立独行、与众不同。

1973 年，美国市场上大豆价格疯狂上涨，很快就突破 4 美元的大关，但是在前一年，大豆价格只在 50 美分左右徘徊，并没有太多上涨的空间，许多人因为惯性思维，认定大豆价格不可能会继续上涨，而且纷纷作出预测，认为大豆价格会大幅度下降，直至跌回 1972 年的水平。许多人害怕自己会遭受降价带来的损失，不敢冒险，于是纷纷选择在此时放空。

丹尼斯却并不这么认为，他对市场的行情十分看好，认为大豆价格还会上涨，于是大量买入大豆期货，结果大豆期货的行情大升，形势一片良好，价格又暴升 3 倍，一直涨到 1297 美分，丹尼斯于是大赚了一笔。

那些成功者之所以敢于舍弃“阳关道”，奔向“独木桥”，因为他们知道资本都是有限的。事实上，“阳关道”只有一条，而“独木桥”则往往多不胜数。如果所有人争夺的焦点都在有限的几种事物上，那么每个人都将面临十分艰难的处境。比如大学生毕业就业，大家纷纷瞄准大公司、政府机关、外企……他们会发现竞争异常惨烈。而有的大学生毕业后结合自身实际做餐饮、搞养殖……却也能开辟一条成功的大道，这不正是“少数派策略”在现实生活中给我们的启示吗？

哈佛逻辑精点

法国作家古斯塔夫·勒庞的作品《乌合之众》里有这样一句话：“人群中累加在一起的是愚蠢，而不是天生的智慧。”哈佛博弈论学者普遍赞同这一观点。的确，在人生中，另辟蹊径，找到多数人没有注意到的那个“独木桥”，一样可以绝处逢生，甚至获得比那些走上“阳关大道”者更高的收益。

融资，钱潮还是骗局

“融资”这个词比较形象，就是融合尽可能多的资本。从狭义上讲，它是一个企业筹集资金的行为与过程，也就是公司根据自身的生产经营状况、资金拥有状况以及公司未来经营发展的需要，通过科学的预测和决策，采用一定的方式，从一定的渠道向公司的投资者和债权人筹集资金，组织资金的供应，以保证公司正常生产需要、经营管理活动需要的理财行为。

从广义上讲，融资也叫“金融”，是指货币资金的融通，即当事人通过各种方式到金融市场上筹措或贷放资金的行为。从现代经济发展的状况来看，企业比以往任何时候都更需要全面地了解金融知识、金融机构和金融市场，因为企业的发展离不开金融的支持，企业必须与金融打交道。

融资，可分为内部融资与外部融资。内部融资，顾名思义就是在企业内部募集资金的行为。企业做生意，若有足够的利润，就会把这些钱拿去付员工的薪资和还债，倘若还有剩余的话，不是深锁在公司的保险箱里，就是放在银行的保险柜内，为了将来的需要先储备起来。像这样，企业把自己赚来的钱储备起来作为投资资金，就叫“内部融资”。

相对应地，外部融资就是企业自己的钱不够用，进而向银行贷款，或者发行公司股票、债券等，向所有可能的人募集资金。

比如，汤姆开了一家小超市，如果超市经营得很不错，挣来的利润足够他扩大超市的规模，他就不需要进行外部融资。但是，汤姆是个野心勃勃的人，他觉得用自己的钱还不能把超市扩展到希望的规模，就打起了身边人的主意。他对几个朋友说："你们投资进我的超市吧，我给你们股份，超市算我们几个人的，我们按照投进去的份额分红。"

几个朋友想了想，觉得这是一项很不错的投资，比储蓄、股票、基金的利润都高，于是很积极地把钱投进了汤姆的超市。

现在就出现了两种可能性。一种可能是汤姆一诺千金，超市顺利地扩大了规模，挣了钱，跟大家分红。另一种可能是汤姆私心作祟，并没有把朋友的钱用来做生意，而是挪作私用，甚至骗大家说超市经营不善，钱全赔进去了。

这后面一种情况，就是在投资界经常提到的"庞氏骗局"。"庞氏骗局"源自一个名叫查尔斯·庞兹的人，他是一个意大利人，1903 年移民到美国。他尝试过各种卑微的职业，包括不起眼的油漆工，但他内心从没放弃过发大财的美梦。为了发财，他不择手段，曾经多次因伪造、走私等罪行坐过牢。庞兹并没有在狱中反省人生，而是谋划了另一个赚钱的方法——金融。于是，他出狱后，便隐瞒自己的历史来到了波士顿，设计了一个投资计划，向大众兜售。

这个投资计划很简单，就是利用高额回报吸引资金。但是，庞兹故意把这个计划说得非常复杂，让普通人感觉十分深奥。1919 年，第一次世界大战刚刚结束，世界经济一片混乱，庞兹趁机散布消息称，将欧洲的某种邮票贩卖给美国，便可以很容易从中获利。普通人根本不懂国际贸易政策和汇率政策，因此在庞兹的巨大利益诱惑下，很多人都跃跃欲试。人们都关注着庞兹宣称的"45 天之内可以获得 50% 的回报"，而最初的一批"投资者"的确在约定时间内拿到了承诺的回报。于是，后面的"投资者"大量跟进。

在一年左右的时间里，大约 4 万名波士顿市民疯狂地加入庞兹的赚钱计划。他们中大部分是怀抱发财梦想的穷人，平均每人"投资"几百美元，总数却超过了1500万美元。一些愚昧的美国人甚至将庞兹称为与哥伦布、马可尼齐名的最伟大的意大利人之一，因为哥伦布发现了新大陆，马可尼发明了无线电，而庞兹“发现了钱”。

庞兹筹集到的钱本可以用于购买几亿张欧洲邮票，但事实上，他只买过两张，绝大多数的钱都被他用在奢侈的生活上。他住着豪华别墅，穿着昂贵的西装和量身定制的皮鞋，拄着镶嵌了黄金和宝石的拐杖，而他给情人购买的昂贵首饰更是数不胜数。当某个金融专家揭露庞兹的投资骗术时，庞兹还在报纸上发表文章反驳金融专家，说金融专家什么都不懂。

1920年8月，庞兹破产了，他因诈骗罪被判监禁。出狱后，他又重操旧业，因而被判处更长时间的监禁。1934年，他被遣送回意大利，他又想办法去骗别人，但没能得逞。1949年，庞兹在巴西的一个慈善堂里去世，去世时，这个“庞氏骗局”的发明者身无分文。

此后，“庞氏骗局”成为一个专有名词，意思是指用后来“投资者”的钱给前面的“投资者”以回报。自庞兹以后，不到100年的时间里，各种各样的“庞氏骗局”在世界各地层出不穷。这类骗术每次出现，即使最后被拆穿，也会造成“投资者”的部分损失，“投资者”想挽回全部损失几乎是不可能的。

纳斯达克的前主席伯纳德·莫道夫也采取了同样的办法，将古老的骗术用现代金融手段再包装后，使其重新“焕发生机”。所谓防范，只能靠人们自己的警惕，其关键在于，不要贪心，不要以为天上会掉馅饼，不要相信那些轻易就能赚大钱的鬼话。

Lesson 12

博弈逻辑：智者与傻瓜的相对论

哈佛大学博士、著名经济学家保罗·萨缪尔森说："要想在现代社会做一个有文化的人，你必须对博弈论有一个大致了解。"博弈论这门研究理性的行动者相互作用关系的理论，正在深入到经济学、政治学、社会学等多个领域，其影响之大、研究范围之广，甚至重塑了最新的经济学国际关系理论，更有哈佛学者声称"要用博弈论来改写经济学"。的确，有人的地方就有博弈，有博弈的地方就需要博弈论。博弈的逻辑是从日常生活中提炼出来的，也是为了更好地适应生活。尽量多掌握博弈的一些方法会让我们在竞争激烈的社会生活中思路更加开阔，最大限度地提高工作效率，从而提高成功的机会。

买的不如卖的精

有一个古董商到乡下收古董，在一个农民的庭院里，他一眼便看出一个被用作猫食碗的茶碟其实是个价值不菲的古董。他想，不能让农民知道那个东西很值钱，因此他假装对那只猫十分喜爱，欲向农民把猫买下。怎奈农民不卖，这个古董商费了好大劲，出了很高的价钱才使得农民勉强同意卖猫。古董商抱着猫要走的时候，假装不经意地对农民说："这个碟子是这只猫用惯的，就送给我吧。"谁知农民说："那怎么行！你知道我用这个碟子卖出多少只猫了吗？"

古董商和农民都知道"这个茶碟是古董"这一信息，但是古董商以为农民不知道，而实际上农民不但知道，还利用古董商"认为他不知道"的信息大赚了一笔。我们来看这个博弈，可以发现两人所掌握的信息是不对称的，也就是说古董商掌握的是不完全的信息，而农民则掌握了完全的信息。

常有人说"买的不如卖的精"，卖方说这个商品进价是多少多少，而实际上到底是多少买方无从得知；卖方说这双鞋是上等牛皮做的，然而可能实际上只是普通牛皮；卖方说这个商品是名牌，然而可能实际上是"山寨版"的。卖方掌握了更多的商品信息，而买家不可能对每一商品都了如指掌，所以在信息不对称的情况下，买家就很有可能吃亏上当。比如你到市场上买东西，尽管你知道商贩的要价虚高，但是你不知道到底虚高多少，虽然你可能是个"砍价高手"，但即便你的心理素质再好，谈判技巧再高，也终究难以玩过掌握商品真实信息的卖家。

现实生活中，"砍价高手"们通常用的砍价方法是尽可能报出最低的价格，然后一点一点往上涨，直到接近商家所能接受的底线，同时不过多超出自己能接受的最高价。但是这种方法费时费力，而且可能面临谈判失败的风险。还有一种可行的方法是“货比三家”，通过对几家店的比较来尽可能多地掌握有关这个商品的真实信息，但是如果这几家店在同一市场中，你会发现商贩们似乎有一个“价格同盟”，从而使得你的比较失去作用。而如果你换个市场去比较，那势必要投入更多的时间与精力，实际上还是增加了交易成本。

如果大多数商贩都采取报价虚高的策略，我们就可以说这个市场是缺乏诚信的，用经济学的术语来说就是“信息不对称”。这种信息不对称似乎是对商贩有利的，然而 20 世纪 60 年代经济学家乔治 · 阿克洛夫经过研究发现，从双方的长期利益来考察，这种交易中的信息不对称使双方都受损。

阿克洛夫在其 1970 年发表的《柠檬市场：质量的不确定性与市场机制》中举了一个二手车市场的案例。在俚语中，“柠檬”是“次品”或者“不中用产品”的意思。这篇研究次品市场的论文曾先后被《美国经济评论》和《经济研究评论》两大杂志退稿，理由是较为浅显、数学味太少。几经周折，这篇开创了“逆向选择”理论先河的论文才得以在哈佛大学的《经济学季刊》上发表，而阿克洛夫本人也因此获得 2001 年诺贝尔经济学奖。

在这篇文章中，阿克洛夫指出，在二手车市场，卖家显然比买家拥有更多的信息，两者之间的信息是不对称的。买者肯定不会相信卖者的话，即使卖者说得天花乱坠。买者唯一的办法就是压低价格以避免信息不对称带来的风险损失，但买者过低的价格也使得卖者不愿意提供高质量的产品，从而使得低质商品充斥市场，高质商品被逐出市场，最后导致二手车市场萎缩。

经济学中的著名定律"劣币驱逐良币"是"柠檬市场"的一个重要应用。该定律是这样一种历史现象的归纳：在铸币时代，当那些低于法定重量或成色的铸币——"劣币"进入流通领域之后，人们就倾向于将那些足值货币——"良币"收藏起来。最后，良币将被驱逐，市场上流通的就只剩下劣币了。

当事人的信息不对称是"劣币驱逐良币"现象存在的基础。因为如果交易双方对货币的重量和成色都十分了解，劣币持有者就很难将手中的劣币用出去，或者即使能够用出去，也只能按照劣币的"实际"而非"法定"价值与对方进行交易。由此可以推导出，当市场内部劣行昭彰，机制不完善，优不胜、劣不汰，良行无以立身时，人们维护市场稳定的积极性就会逐渐消退。

哈佛逻辑精点

在市场经济中，"柠檬市场"理论的应用是十分普遍的。正如阿克洛夫教授发表在哈佛大学《经济学季刊》上的文章所提出的，只要存在着信息不对称，就会形成次品市场，从而使得次品驱逐优品，次品充斥整个市场。正因如此，很多国家才会通过立法以图消解这种信息不对称，如我国《证券法》中规定的上市公司信息披露制度、《消费者权益保护法》中规定的消费者知情权等。

小镇中心的草地为何长不好？

在马萨诸塞州阿美土德小镇的中心，有块很漂亮的草坪，镇上所有的大型户外活动，如庙会、图书节、周末免费的流行音乐会等都在这里举办。平日里，人们在草坪上散步、玩飞盘、打排球、追逐嬉戏，玩得格外开心。

草坪周围早已被停车场、商店、餐厅和住宅占据，因此很多人都纳闷：为什么草坪竟然能长期保存下来？原来这块看似普通的草坪居然就是大名鼎鼎的“公共绿地”，几乎家喻户晓的典故“公共草地的悲剧”就起源于此。

多年之前，这块草坪并没有这么漂亮。因为这里是公共土地，所以很多人在上面养鸡、养鸭，还有人在这儿放羊。因此，这里的草总是长不好，也没有人在意。直到1968年，有个叫哈丁的人碰巧经过这片公共草地，他站在草地上看了半天，居然发现了大问题。经过归纳总结，他写了篇《公地的悲剧》的文章，发表在著名的《科学》杂志上。在这篇文章中，哈丁将自己的理解和评论融入草地的故事中，他这样写道：

“一片公共草地可以用来放牧羊群。只要羊群的数目控制在一定范围内，既可以使羊吃得膘肥肉嫩，也不至于使草地再没有草可以吃。也就是说，随着羊群数量的增加，草地在羊身上创造出来的价值是逐渐减少的。假设这块草地饲养2只羊时，每只羊可以带来收益200元；养3只羊时，每只羊可以带来收益150元；养4只羊时，每只羊可以带来收益80元。假设牧民甲和牧民乙都在这块草地上养羊，每个牧民可以自己决定是养1只还是养2只，那么会出现什么情况呢？如果牧民甲和牧民乙各养1只，则双方的收益都是200元；如果牧民甲养1只，牧民乙养2只，则牧民甲的收益是150元，牧民乙的收益是300元；如果牧民甲养2只，牧民乙养1只，则牧民甲的收益是300元，牧民乙的收益是150元；如果双方均养2只，则双方的收益都是160元。”

“很显然，这块草地最有效率的放羊方式应该是两个牧民各养1只羊，他们各自得到200元的收益。但如果两个牧民是‘理性经济人’，他们无一例外会选择各养 2 只羊，因为他们会陷入‘囚徒困境’：如果对方养 1 只，则我养 2 只可以占到便宜；如果对方养 2 只，则我养 1 只就吃了亏。所以，无论对方是养 1 只还是养 2 只，我最好的选择总是养 2 只。”

哈丁认为，公共草地之所以长不好，是因为公共草地是公共资源，而草地上放的羊是个人的，卖羊的收入归个人所有。毫无限制地在草地上放羊，必然造成草地退化，但草地退化带来的损失是由全镇人平均负担。如果镇上的人口很多，平均下来每个人摊到的草地损失虽说没有多少，但养羊的收入揣进了个人腰包，放养的羊越多，占的便宜就越大。而有些人没住在草地周围，无法放羊，却同样承担这种损失。

哈丁认为，在这种状况下，每个人的想法都是拼命地利用草地，放的羊越多越好，争取在草地彻底完蛋之前多捞一点儿。大家都这么想，这么做，公共草地怎能长好？因此他最后的结论是：如果使用公共资源来为个人谋私利，“公共草地的悲剧”是无法避免的。

这个故事所描述的“囚徒困境”后来被经济学家们称为“哈丁悲剧”，也叫“公共草地悲剧”。“哈丁悲剧”的提出，对于人口爆炸、污染、过度捕捞和不可再生资源的消耗等问题具有很强的现实意义。

哈丁指出：“在共享公有物的社会中，每个人，也就是所有人都追求各自的最大利益。这就是悲剧的所在。每个人都被锁定在一个迫使他在有限范围内无节制地增加牲畜的制度中，毁灭是所有人都奔向的目的地。”而 20 世纪 60 年代正是西方环境保护运动风起云涌的时期，公众的环境意识不断提高，所以哈丁“公共草地悲剧”的观点一问世立刻风靡一时，被人们广泛接受。

哈佛逻辑精点

公共用地（设施）的使用，一定要有人来协调和管理。在一个国家当中，重要的公共设施如国防、教育、基础设施等建设，政府责无旁贷。对个人而言，你不能对你的私有财产为所欲为，哪怕是你出门遛狗，如果你影响了小区的公共卫生或影响了他人的正常休息，居委会或者物业也要给你必要的约束，这就是“哈丁悲剧”给人们的启示。

走出“皇帝新装”的幻境

安徒生是丹麦著名的童话作家，《皇帝的新装》便是他的代表作之一。我们再来回顾一下这个故事，思索一下它能够给我们的生活带来哪些有益的启示。

从前有一位皇帝，他非常喜欢穿好看的新衣服。有一天，来了两个自称是织工的骗子，他们说能织出谁也想象不到的最美丽的布，这种布的色彩和图案不仅非常好看，而且用它制作出来的衣服还有一种奇异的作用，那就是凡是不称职的人或者愚蠢的人都看不见这衣服。皇帝听后非常高兴，于是传令下去让两个骗子开工。

两个骗子在织机旁煞有介事地忙碌着，皇帝派他的宠臣去察看工作的进度，然而他们惊呆了，因为他们什么都看不见。他们想，如果说自己什么都看不见，无异于向他人宣告自己的愚蠢与不称职，好在其他人不知道自己看不见。于是他们装着看见的样子，称赞布是多么多么漂亮。当骗子向他们描述衣服的色彩和图样时，他们也点头称是。回去后，他们将骗子的话汇报给皇帝。皇帝亲自来看衣服制作的进度，他也同样被眼前的情景惊呆了，因为他也什么都看不见。皇帝也怀疑自己是愚蠢的人，但他想："千万不能让别人知道我看不见衣服，千万不能让我的臣民知道我是愚蠢的人。"于是他也同样夸赞起衣服来。

当骗子把衣服织好后，他们让皇帝把身上的衣服统统都脱光，然后装作把他们刚刚织好的新衣服一件一件地给他穿上。之后，皇帝就外出到大街上进行了盛大的游行。虽然皇帝什么都没有穿，但他仍然表现得很投入。大街上的人们也纷纷夸赞皇帝的新装真是漂亮。直到一个小孩大声地说"可是他什么衣服也没有穿啊！"大家才低声地传播开来，确实是什么都没有穿。

在这个童话中，骗子们编织的皇帝新装其实什么也没有，每个人都看到了这个事实，也就是说，"皇帝什么都没穿"是每个人都知道的。但是，每个人都不知道其他人是否知道这个事实，即每个人都不知道其他人是否拥有这个知识。同时每个人都知道，只要他不说，其他人就不会知道他知道这个事实。也就是说，"皇帝什么都没穿"不是皇帝、大臣及老百姓之间的"公共知识"。

这里有一个虚假前提，即如果我没看见皇帝的新衣服，就意味着我是愚蠢的。因此，每个人尽量不让其他人了解自己没看见皇帝的新装。此时，每个人，包括皇帝，都在说着假话，硬说自己看见了新衣服，每个人都在谎言下生活，这就是一个均衡，一个大家都"说谎的均衡"。然而，"其实皇帝什么也没穿"这句话从小孩嘴里说出，意味着不是假话。当小孩的话传到每个人那里时，"其实皇帝什么也没穿"便成了公共知识，原来"说谎的均衡"被打破了，人们也因此回到了现实。

哈佛逻辑精点

哈佛大学博弈论专家艾瑞克博士认为，使一个知识成为公共知识，有助于人们打破谎言、走出幻境，从而更加清楚地认识客观形势与真实的自我。应用公共知识理论对《皇帝的新装》进行的解读，对我们来说是一个有益的启示。

用所罗门的智慧帮你鉴别真伪

在古代的以色列国，有两个妇女为了争夺孩子，一直纠缠不休，两个妇女都跑到皇宫里，请求国王裁决。国王所罗门天资聪颖、智慧过人，他首先对两个妇女进行了简短的问话，一个女人说："陛下，我和这妇人同住一个房间。我生了一个孩子，三天后这妇人也生了一个孩子，房间里再没别人。夜里这妇人睡觉的时候，把自己的孩子压死了。她半夜醒来，趁我睡着，把我的孩子抱去，把她已经死去的孩子放在我的怀里。天亮要喂奶的时候，我才发现怀里的孩子是死的，仔细察看，发现这并不是我的孩子。"

另一个女人赶紧说："不对，活孩子是我的，死的才是她的。"她们吵得不可开交。所罗门说："好。现在把这孩子劈成两半，一半给这个妇人，一半给那个妇人。"一个女人同意，另一个女人坚决反对，哭着说："陛下把这孩子给她算了，千万不可杀他！"所罗门知道心疼孩子的女人一定是孩子的亲生母亲，就把孩子判给了她。

所罗门的这种方法在博弈论中称为"机制设计"，即设计一套博弈规则，令不同类型的人作出不同的选择。尽管每个人的类型可能是隐蔽的，别人观察不到，但他们所作出的选择可以为人所观察到，观察者可以通过观察人不同的选择而反过来推演出他们的真实类型。这就是所谓的信息甄别机制。

市场交易中，没有私人信息的一方为了减弱信息不对称对自己的不利影响，可以通过设计一定的合同内容将另一方的真实信息甄别（筛选）出来，从而实现有效率的市场均衡。也就是说，当博弈的一方处于信息劣势时，他可以设计一个有效的机制使处于信息优势的人说实话。

关于设计信息甄别机制的例子在商业活动中比比皆是，比如不同的商品有不同的交易方式，在市场上交易的商品可以讨价还价，而在一些专卖店、大商场销售的商品则明码标价，谢绝议价。为什么呢？因为市场上的商品信息没有经过甄别，也就是说信息不对称的情况仍然很严重，所以可以通过讨价还价来折抵信息不对称给买方带来的不公平；而在专卖店或信誉卓著的商场，人们通常知道这里的明码标价是统一的售价，虽然可能比市场的价格高一些，但是可以保证货真价实。

还有另外一种情形，即高需求客户为了以更低的价格成交，往往会隐藏自己“具有高需求”的信息。在这种情况下，差别定价方式可以甄别出不同需求程度的客户，从而使卖家可以获取尽可能多的利润。这就是为什么机票会分为头等舱、二等舱、三等舱，酒店会分为三星级、四星级、五星级。所有这些做法都是为了甄别不同类型的客户，从而最大限度地实现卖家的综合利益。

哈佛逻辑精点

探测一个人的心理活动如同探测浮在海面上的冰山，只有10%是你能够观测到的，而剩余的90%是观测不到的。甄别信息的真伪也一样，别人想要向你传递的信息只有10%是你能够直接听到的，而剩余的90%是需要你用心甄别的。这就需要我们熟悉信息的传递规则，并掌握一定的鉴别方法，这样才能更好地接收信息、理解信息。

竞争的最好结果也不如合作双赢

在商战中，要双赢还是分出胜负，是很多企业都会面临的抉择。可惜的是，大多数企业看到的只是自己的利益，却没有认识到这一点：企业在某一方面取得了胜利，但是在另一方面则极有可能会付出同等的代价。目光短浅的决策者在谈判时只想着不断地索取眼前利益，而不愿意为长久的发展与谈判对手长期合作，所以这种博弈的结果往往不是你输就是我输，最终也只能是“零和”。

双赢则是指一种互相妥协与合作的理念，谈判者不仅看到了眼前利益，还看到了长远利益；不仅看到自己的利益，还充分考虑到他人的利益。这样的谈判者在谈判时就会综合考虑，本着利己也利人的原则去沟通，最终达成双赢的局面。将对手变成自己的朋友，势必会壮大自己的力量，使自己走向成功。

“二战”结束后，日本企业竞争力迅速下降。为了改善这一局面，20世纪50年代，日本经济界开始流行“大企业之间合并、协作与产业再组织论”。在当时，日本向经济界发出号召：我们的国家已经进入最危险的时刻，是否能够挽救濒临崩溃的经济，就在于各位是否愿意发挥各自优势帮助同行业的人了！为了改变国际竞争力低下的情势，日本政府与各大经济联合体结合起来，做了大量的工作。

从1953年开始，日本政府允许垄断企业之间进行相应的支持，并解除了现金流、人事互派、现金支付等方面的限制，极大地促进了日本现代大企业的形成与发展，并出现了以三井、三菱、住友、富士、三和、劝银为代表的“六大企业集团”和以日立、丰田、新日铁为代表的“独立系企业集团”。

这些集团的成员企业虽然在经营决策方面保持着自己的独立性，但是有一个名为“总经理会议”的直接纽带来连接各个成员企业。这个会议会定期召开，每个成员企业的总经理会在会议上交换信息与情谊。同时，这一会议也是各个企业的领导统一决策、协调财团战略发展、应对外来竞争势力的“总枢纽”。

正是靠以这种会议与相互持股为基础的联合体，各大财团的向心力才开始不断增强，企业间的合作、资源的整合也才得到不断地加强。这种表面看起来松散的日本财团，相互间拥有着紧密的联系，会在对方出现危机时果断伸手相助。挽救东芝于危难之中、素有“重建之王”称号的东芝前任社长土光敏夫便曾经是三井财团旗下的集团社长。

综合商社是财团的另一核心组织，这一组织不仅是财团获得情报的重要机构，同时也是拓展海外市场的最大先锋，它对整个财团的资源拥有巨大的协调能力。当日本企业进入某个陌生的地区或国家时，他们会在第一时间找到本财团综合商社在当地的分支机构，以寻求对方的协助。为了发展与壮大自己的综合商社，各个财团都会竭尽一切所能，提供各种各样的支持。

可以说，日本企业之所以能够在“二战”后迅速崛起，在很大程度上就是依靠了财团所提供的各种信息与资源支持。

传统竞争模式中，企业间的竞争往往以对抗为中心，以至于过分关注对手的举动，并将大部分注意力集中在思考应对之策上，这种竞争模式使企业忽略了自身战略目标的详细制定，限制了自我创造力的发挥，导致“零和”局面不断出现。但事实上，竞争永远存在，过分敌视竞争对手只会让企业忽略同行业联手可能带来的巨大盈利。日本财团的战略联盟使日本的经济腾飞得到了更快地实现，这一事实证明了一点——同行业之间互为共生的双赢关系的确存在，这使战略联盟的实施与发展得到了越来越多商界智者的认同与支持。

哈佛逻辑精点

哈佛商学院教授克莱顿·克里斯滕森认为，随着世界经济一体化的形成，企业经营逐渐全球化，世界贸易自由化趋势越来越强，企业所面临的竞争早已从国内延伸到国际。在巨大的竞争压力与争夺全球市场的强烈动机下，企业只有采取联盟竞争的战略，通过各种不同形式的合作，才能创造出更强的竞争优势。

讨价还价中的大学问

A 与 B 两个人可以共同分享一个冰激凌蛋糕，但前提是必须讲好应该怎样分。双方都知道，在这个过程中蛋糕会不断融化，因此他们都非常清楚只有合作才对双方有利，只是他们不清楚应该如何共享合作的果实。那么，怎样才能赶在蛋糕融化前提出一个双方都能认可的分配方案呢？

最简单的方法就是一方将蛋糕一切两半，另一方则选择自己该要哪一半。这样，切蛋糕的人一定是努力让两块蛋糕切得大小尽量相同，但是在现实中，谁都不可能将两块蛋糕切得完全一样大，如果切出一大一小，那么切蛋糕的人就会吃亏。如果两个人都大度还好办，但如果两个人都是斤斤计较的人，那么就会出现一种结果，即谁都不愿意先去切这块蛋糕。于是又有了另一种分配蛋糕的方法。不妨假设蛋糕总量为1，A和B两人各自同时报出自己希望得到的蛋糕的份额，如3/4，5/8。这样两人报出的结果就会有无数种可能，但只有两人报出的结果相加为1，方案才能被通过，比如A报1/2，B报1/2；A报2/3，B报1/3；A报5/8，B报3/8……依此类推。

如果A报7/8，那么B只能报1/8，而B最好是接受这个结果，因为这是一次性博弈；如果B不接受，这样僵持下去双方都吃不到，从理性人的角度来看这显然是不会出现的。但是在真实的生活中，这种毫不利己、专门利人的博弈参与者出现的概率近乎为0。除非B有其他目的，否则绝不会将7/8的蛋糕拱手让与A，自己仅留下剩余的1/8。正常情况下，B一定会要求再次分配，这样一来，分蛋糕的博弈就不再是一次性博弈。但问题是如果博弈一次次地进行下去，蛋糕就会融化，双方还是一无所得，所以二人还得想办法尽快达成一致，好把蛋糕吃到嘴里。

当分蛋糕博弈进入讨价还价阶段，博弈的基本模型也从最开始的静态逐渐变为动态。这种动态的讨价还价经常会出现在商界和政坛的博弈中，有关各方常对总收益如何分配产生矛盾，这个总收益其实就是一块大“蛋糕”。在讨价还价中，谁能占得便宜，这里面还有一定的学问，我们从下面的案例中就可见一斑。

鲍勃是一个家族企业的唯一继承人，可是由于他经营不善，导致企业资不抵债，一家人的生活也难以为继，他不得不将家中祖传的名画拿到一家典当行去卖。这幅画出自名家之手，鲍勃认为它至少值5万美元，而典当行的鉴定师也估不准到底值多少钱，但他知道最多只值8万美元，不会再高于这个数了。

这样看来，如果顺利成交，名画的成交价格将在5万到8万美元之间。这个交易的过程不妨简化为这样：首先由典当行开价，鲍勃选择成交或还价，如果鲍勃同意典当行的开价，交易顺利结束；如果鲍勃不同意典当行的开价而还价，所还之价典当行同意则成交，不同意则交易结束，买卖不能达成。

我们不妨用解决动态博弈问题的倒推法原理来分析这个讨价还价的过程。首先看第二轮也就是最后一轮的博弈，如果鲍勃不同意典当行的开价，只要他的还价不超过8万美元，典当行最终都会选择接受还价条件。

回过头来，我们再来看第一轮的博弈情况，鲍勃会拒绝由典当行开出的任何低于5万美元的价格，这是很明显的。如果典当行开价6万美元购买名画，鲍勃在这一轮同意的话，只能卖得6万美元；如果鲍勃不接受这个价格，而在第二轮博弈提高到7万美元的话，典当行仍然会购买这幅名画。两相比较，显然鲍勃会选择还价。

细心的读者可以发现，这个例子中典当行先开价，鲍勃后还价，结果卖方鲍勃可以获得最大收益，这正是一种后出价的“后发优势”。这一优势在分蛋糕例子中相当于分蛋糕动态博弈中最后提出条件的人可以分得更多的蛋糕。

事实上，如果典当行懂得博弈论，就会改变策略，要么不先开价，要么虽然先开价，但是声明这是他的最终报价，如果鲍勃答应就成交，不答应就一拍两散，各自走人。这时候，只要典当行的出价不低于5万美元或者哪怕稍低于5万美元，鲍勃都会将名画出手，因为5万美元已经是鲍勃的心理价位，一旦不成交，他一分钱也拿不到，只能抱着名画挨饿受冻。

博弈理论证明，当谈判的过程是单数时，先开价者在交易中拥有一定的优势；当谈判的过程是双数时，后开价者具有一定的优势。

这在我们的生活中是非常常见的现象，急切想成交的，往往要支付较高的成本。正因如此，富有购物经验的人买东西、逛商场时总是不紧不慢，即使内心非常想得到某种物品也不会在商场销售员面前表现出来。而富有销售经验的店员们则总会强调“这件衣服卖得很好，这是最后一件，错过了就没有了”，让没有经验的顾客来不及讨价还价就迅速购买。

哈佛逻辑精点

哈佛商学院教授、企业定位专家克莱顿·克里斯滕森认为，在商业谈判进行到讨价还价阶段时，你一定要准备充分，争取先报价。如果对方是谈判高手，那么你就要沉住气，不要轻举妄动，要从对方的报价中获取信息，及时修正自己的想法；但是，如果你的谈判对手是个外行，那么不管你是“内行”还是“外行”，都要争取先报价，力争牵制、诱导对方。

····　Lesson 13　····

社交逻辑：社交资源就是无形资产

当我们办事遇到不顺或者四处碰壁的时候，一定会想："如果我能有足够多的社交资源，一定可以顺利地完成这项工作。"只有平时注意挖掘潜在的社交资源，遇到困难的时候才不会手足无措。朋友的帮助会使你顺利渡过难关，即便他们无法直接向你伸出援手，也能为你出谋划策，让你感受到心灵上的安慰。

与优秀的人同行，你才会优秀

“与智慧的人同行，必得智慧；和愚昧的人为伴，必受亏损。”这句话告诉我们，与智者同行，建立起自己的优质社交圈是多么重要的一件事情。倘若让愚昧之人、小人进入自己的关键关系中，对于个人发展而言，无疑是一种愚蠢到极点的行为。

曾经的艾薇尔不仅可爱清纯，而且为人热情，仿佛天使一般。不管走到哪里，她都会结交一些贴心的朋友，好姐妹更是数不胜数。但是艾薇尔有个致命的弱点，就是不懂得择友。一次，一位同学带她去酒吧体验生活，她在那里结识了一群活泼的女孩，她们叛逆的语言、另类的生活方式让艾薇尔深感好奇。女孩们在酒吧里放肆地舞动，将青春张扬得淋漓尽致，这一幕深深地吸引了艾薇尔。于是，她不顾同学的提醒，依然与这些酒吧女孩互留了联系方式，并在后来的日子里频繁见面。

艾薇尔的想法很单纯，认识一些叛逆的女孩并没什么不好，可以让自己体会到别样的生活方式。至于是否会跟她们学坏，她认为自己完全有这种自控能力。她相信，自己在最基本的道德问题上还是有原则底线的，跟她们交往只不过是一块儿寻开心罢了。

就这样，艾薇尔经常与这些朋友一块儿参加聚会，与她们一起喝酒、唱歌，甚至一起过夜。刚开始，听到朋友们说着粗野的话，她只是感觉很好玩儿，在一边偷笑，可渐渐地，她也被传染了，不知不觉地也说起了脏话。她的变化让曾经的同学深感吃惊，但是她始终不愿接受同学们善意的提醒，还劝大家不要将那些狂野的女孩想得太坏。

终于有一天，在一个聚会上，那些新朋友让艾薇尔接触到了毒品。艾薇尔的潜意识里对此十分排斥，但是在他们的撺掇下，她便渐渐失去了自控能力。最后，艾薇尔没能经得住诱惑，选择了短暂的“神游”，可从此之后，她便对毒品产生了依赖，一发不可收。若不是被警方及时发现，被送去强制戒毒，这个正值青春年华的少女可能会被彻底毁掉。

就如同网络病毒能够破坏你的电脑数据一样，如果你的身边存在着居心叵测的人，那么你的人生将不可避免地陷入不堪境地。如果选择与不良的人做朋友，那么你必然会遭受损失，防不胜防。因此，我们需要为自己建立一个强大的“防火墙”，将那些“毁灭性的病毒”隔绝在外。

哈佛逻辑精点

哈佛大学的教授经常会这样教导学生：“与一流的人交往，自己也容易成为一流的人物。”优质人脉具备优质的资源和实力，而且本身也拥有优质的人际关系网。成功靠的是人脉，特别是优质人脉，优质人脉是成功最理想的助推器。

帮他人得到他们想要的东西

与人交往的前提是理解对方。每个人都有自己的希望和追求，想要成为对方信任的人，就必须尝试着了解和尊重对方的需求。当你努力替别人实现和创造幸福的时候，一定会打动对方的心，从而拉近彼此的距离。一个善于交际的人，一定懂得如何去成全别人的快乐和幸福。

1969 年 7 月 21 日，阿姆斯特朗打开登月舱舱门，率先登上了月球，同行的宇航员奥尔德林于 17 分钟后也登上了月球。能成为“第一个登月者”，其中的意义和荣耀自然非比寻常，不过奥尔德林很坦然地把机会让给了阿姆斯特朗，没有争第一，因为他知道对方一定非常希望得到这样的荣耀，所以他有理由把机会让给自己的同伴。

之后的一次庆功会上，有位好事的记者问奥尔德林是否会为自己没能成为第一个登上月球的人而感到遗憾，奥尔德林风趣而大度地说：“但是回到地球时，我可是最先出太空舱的，所以我是从别的星球来到地球的第一个人。”奥尔德林懂得成人之美，不仅收获了伟大的友谊，而且赢得了朋友乃至世人的尊重。

哈佛心理学家认为，人的行为驱动力往往就是欲望，满足欲望是正常生活的一部分。如果满足了一定的欲望，那么生活也就会增添相应的幸福，而这种幸福并不总是自己创造的，有时也可以由别人给予。当你伸出援手，达成了别人的心愿、满足了别人的欲望，实际上也就给予了对方幸福，那么对方一定会增加对你的信任，甚至真诚地予以回报。

虽然刻意以一种功利性的手段来拉近彼此的关系、增强相互之间的感情，总是给人一种不够真诚且势利的感觉，但是懂得把握和利用别人的需求来大做文章也不失为一个高明的生存和交际技巧，而且这种交际手段往往也含有真情，完全可以争取到对方的信任。

“二战”中，德国绕过马其顿防线，大举进攻法国，法国士兵们面对德军的突袭完全陷入慌乱，无法做出有效的抵抗。为了保证大部队能够及时转移，保存将来抗战的实力，一小部分法国军队开始充当起阻击部队，希望拖延德军的进攻。

马歇里是一名刚从军校毕业的士官，他和其他一小部分士兵一样担负起掩护主力部队撤退的任务。他在德军飞机的轰炸中救下了正在逃亡的青年洛里，为了报答马歇里的恩情，洛里决定随这位年轻的士官一起出生入死，但是马歇里以洛里年纪太小为由拒绝了他的请求。遭到拒绝后，洛里并不甘心，后来他得知马歇里的家中还有一位双目失明的老母亲，而战火即将蔓延到那里，可是马歇里不能说服自己离开战场，只希望有人替他照顾母亲。

洛里了解情况后，当天夜里就动身前往马歇里的家乡，两天后，他找到了恩人的母亲，并带她躲进了地下室。法军和英军在敦刻尔克成功大撤退后，马歇里和同伴们也就顺利完成了任务，为此他决定回家看看母亲，当他在废墟中见到扶着母亲的洛里时，他的眼眶湿润了，紧紧抱住了洛里和母亲。此后，马歇里与洛里成了生死之交。

懂得满足，懂得给予，对方才会坦然地愿意同你一起分享，幸福有我的一半，也应当有你的一半。实际上，如果你懂得如何去满足对方，对方就懂得如何感恩于你，这是情感的一种互换，但是在交换过程中，感情往往会变得更加深厚。

哈佛逻辑精点

哈佛大学MBA、日本职业猎头冈岛悦子说：“只有了解了大家的兴趣，投其所好，才能产生沟通和交往的契机。”别人不想要的，不可强加给对方；而反过来说，别人想要的，就应该尽量予以满足。不过这种满足必须遵循一定的条件，帮助朋友并不是单纯地凭借义气，而应该控制在道德和法律允许的范围之内。孔子说：“君子成人之美，不成人之恶。”一旦超出道德和法律允许的范畴，你的行为就是助纣为虐，性质也就完全不一样了。

创造捆绑式事业组合

古希腊唯物主义哲学家德谟克利特认为：“一切的亲人并不都是朋友，只有那些有着共同利益关系的才是朋友。”他将朋友等同于利益的结合体，这不免有些绝对和世俗，不过共同的利益具备巨大的凝聚力的确毋庸置疑。共同的利益既是形成友谊的基础，也是促进友情进一步发展的催化剂。

有时候，利用双方的共同利益来维持和完善相互之间的友谊很有必要，共同的利益也是朋友共通之处的体现，这同样迎合了朋友间求同存异的原则。寻找双方更多的共同点和交集点对友谊并没有什么坏处，而且只会让双方的关系变得更好。

刚过完 49 岁生日的伯尼·马库斯在自己 20 多年的职业生涯里总是勤勤恳恳、兢兢业业，这才让他坐到了部门经理的位置上。再这样安安稳稳地坐上 11 年，他便能待在家里安心拿退休金了。然而，上天并没有打算让他安度晚年。

一天，他像往常一样早早来到公司，人力资源部经理却面无表情地对他说：“你被解雇了。”

“为什么？我犯了什么错误吗？”面对突如其来的事实，他大为惊讶。

“不，你没有犯下任何错误，只是公司发展不景气，董事会决定要裁员，仅此而已。”

是的，公司的借口都是如此。与所有失业者一样，繁重的家庭开支使伯尼·马库斯不得不再次踏上寻找新经济来源之路。在求职的那段时间里，一有空，他便会去洛杉矶的一家街头咖啡店，一坐就是几个小时。巨大的压力与内心的痛苦无法对他人倾诉，但他相信自己一定能够找到新的生存方法，而这一信念成了一直支撑他不断努力的关键所在。

有一天，伯尼·马库斯偶然间在街头咖啡店遇到了自己的老朋友——同样被老板解雇的亚瑟·布兰克。两人互相安慰，并决定一起面对人生窘境。

“为什么我们不能自己创办一家公司？”这一念头刚刚升起，便如同火苗一般将两人多年来压抑在心中的梦想与激情点燃了。于是，在这间普通的咖啡店里，他们进行了新的家居仓储公司的策划，同时制定出“最低价格、最优选择、最好服务”的制胜理念，并随后制定出使这一理念得以成功实践的详细管理制度。然后，二人正式着手创办公司。

20 年后，两人原本名不见经传的小公司迅速发展成为拥有 16 万员工、800 家分店、年销售额超过 300 亿美元的世界 500 强企业，而这家企业如今的名称是家得宝公司，它的成功塑造了世界零售业发展史上的又一个奇迹。

想要在人际交往中获得好的结果，我们不仅要注重结果本身，更需要让自己关注获取这些结果所使用的具体方法。在人际交往中，交往双方都是对这一过程进行经营的主角，都能够在一定范围内发挥作用，使彼此关系受到影响，因此我们不仅需要考虑如何才能建立起良好的人际关系，更要考虑如何才能创造捆绑式的关系以帮自己获得成功。

想要实施利益捆绑式促进友谊的方法，首先就应该了解对方的兴趣点，并以此作为切入点，从中寻找出共同的利益关系以及合作的可能性，当然这种行为的出发点应是善意的，就像两个原本就关系密切的家庭指腹为婚一样，目的只是进一步增强两家的关系。能够借助共同利益来增加友谊，是处理人际关系的一种高明手段，更何况有了原先的交流和感情作基础，那么共同的利益就能发挥更大、更积极的作用。

在平时的生活中，我们也要尽量多寻找一些和朋友合作的机会，而且应该积极主动地创造出合作的机会，这对于增进友谊有很大的帮助。一方面朋友之间的信任度更高，默契程度更深，有利于出色地完成任务，降低获利的成本和风险；另一方面还创造了两人感情交流的机会，有利于友情的稳固和发展。

感恩别人，幸福的是你自己

感恩是一种自觉的行为，它出自行为人的谦卑和爱心。一个懂得感恩的人不但拥有无上的爱心，更懂得珍惜自己所拥有的东西。可生活中有很多人总是抱怨命运的不公，总是觉得自己比别人拥有得少。一个人不懂得感恩已有的，那么他很难获得更多的。因为再多的拥有都不能让他满足和幸福，即使物质再丰富，他的思想永远是贫瘠的，他的幸福感也是低度的。

有一次，美国前总统罗斯福家里被盗了，丢了很多东西。他的一位朋友听说后忙去信安慰他，劝他不必太在意。罗斯福很快给朋友回了信，信中写道："亲爱的朋友，感谢你来信安慰我，现在的我无恙。我不生气，反而很感激，一是盗贼只偷走了我的东西，而没有伤害我的身体；二是盗贼只偷去我的部分东西，而不是全部；三是我最感庆幸的，做贼的是他，而不是我。"

相信很少有人拥有罗斯福这样的度量，因为对任何人来说，失窃都是一件很不幸的事。可是，罗斯福能在这个看似不幸的事情中感受到值得庆幸的方面。正因为有着这样的博大胸襟，他才会在宽恕和感恩中让心灵免受创伤。

在《哈佛教授与女儿的对话》一书中，有这样一段对话：

女儿问："一句'谢谢'有那么重要吗？"

教授回答："常怀感恩之心，人就会变得善良、自信、快乐。"

毫无疑问，善良、自信和快乐是我们多数人追求的目标，因为这是最能给我们带来幸福感的情绪体验。常怀感恩，你便是一个知恩图报的人、一个雍容大度的人、一个充满爱与关怀的人。这样的你，总是对别人、对生活少一份挑剔，多一份包容，总是聚集着满满的正能量，永远积极地生活。即使常怀感恩之情的你是卑微的，你那颗感恩的心也永远是高贵的。因为拥有这颗高贵的心，所以幸福总会眷顾你。

感恩是人生的大智慧。常怀感恩之心，才会轻易而持久地获得幸福感。这对于人的一生来说，何尝不是一种处世哲学，让我们学会感恩，让幸福常驻心中。

哈佛逻辑精点

哈佛大学教授常会教育学生："只有心怀感恩的人，才能视万物为恩赐。"一个懂得感恩的人必定是一个胸怀博大的人，他们不但会因为一颗感恩的心而得到爱的回报，还会因为心怀感恩而充满幸福感。感恩别人，也是救赎自己。如果你心中总是充满爱和阳光，那么你一定是幸福的。

增加自己被利用的价值

有这样一个故事，主人出门前把家产分给三个奴仆管理，结果前两个奴仆把这笔钱拿去做生意，赚了一部分钱，而第三个奴仆则老老实实地把钱存好，尽到自己的本分。主人回家后，奖赏了替他增加财富的两位奴仆，而那位老实本分的奴仆却遭到了冷落。每个奴仆都有被利用的价值，但是前两位奴仆懂得如何去增加自己被利用的价值，从而获得了赏识，而最后的奴仆缺乏这种增值的功用，自然就遭到了主人的冷遇。

哈佛心理学家认为，人的行为都是受欲望支配和驱动的，社交行为也是如此，平白无故的交际关系不常见，要么是因为情感的需要，要么就是利益的驱使。社交场合往往不可避免地要掺杂一些功利性因素，社交的目的很明显就是实现对方的利用价值，进而相互利用、相互满足。

想要得到更多的利益，就必须懂得“出卖”自身的价值。只有不断增加自身的吸引力，对方才会更加关注你的存在。有人说，被人利用并不可怕，真正可怕的是没有利用的价值。这话很有道理，每个人存在的价值几乎都从别人那里得到证实，当一个人失去吸引力时，实际上就等于他失去了价值。

想要提高社交的成功率，就应该注意提高自身被利用的价值，自身的利用价值能够有效拉近彼此之间的距离，成为联系和增强感情的纽带，而且双方关系的亲密程度往往取决于利用与被利用的价值大小，价值越大，吸引力也就越大，反之，受关注的程度就越小。付出与回报总是成正比的，被利用得越多，所得到的关注和利益自然也就越多。

在哈佛，不少的课程都是针对相应的事例进行研究展开的，学生们必须在上课之前阅读一个事例，然后对事例进行分析，提出解决的方法。若在课堂上发言不积极的话，你的成绩很可能不达标，并因此而被退学。

为了获得更高的课前准备效率，同学们会自发地组成 5 人左右的学习小组，这是一个完全的竞争市场。组建学习小组时，年级里的全体学生（一般超过 800 人）会集一堂，大体每 100 个人为一批，每人有 30 秒的时间去做自我介绍，此时，个人是否有能力给他人留下深刻印象便成为是否能进入优秀小组的标准。

在进入学习小组后，个人也要拼命做好时刻向所属小组贡献自我力量的准备。同组中的人经常会讨论在该组中大家是否都作出了同等的贡献，是否存在不劳而获的人。若大家认为存在不公平的话，“浑水摸鱼”的人便会受到指责，认为“他没有拿出自己的价值！”“好吧，我们以后也不再和他合作！”并会被排挤出局。

而且，很多学生都会将小组看成一个命运共同体，在这个小组中，大家可以了解那些与自己志趣相投、资质相同的人，而这些人往往是今后创业的最佳伙伴。因此，每个人都会以苛刻的眼光对彼此进行观察——“他有什么能力？”“他隐藏着多少成功的可能性？”

在刚开始学习时，由于成绩还不明朗，在进行组员选择时，大家都是通过实际性的讨论与商业性的谈话或闲谈来了解对方，以判断彼此之间是否存在互补的经历与技能，是否值得自己去交往。在这种情况下，个人的立场、独特性便显出重要性，那些能够明确体现自己对小组会有重要贡献的人总是可以获得更多的关注与重视。

哈佛逻辑精点

有这样一句话："没能力的人千方百计想去利用别人，有能力的人反而想方设法地被人利用。"利用别人的出于一种欲望和野心，被利用的则源于一种心计和智谋，后者往往是生活中的强者。真正懂得去实现自己价值的人会把"被利用"当成一项高明的投资，所以，当个人的价值受到别人的重视时，一定要保持一种共赢的心态，努力提高自己被利用的价值。

别把你不想要的强加给别人

早在2500年前，孔子便说出了这样一句颇具深意的话："己所不欲，勿施于人。"一句话道出了人际交往中的基本原则。用自己的心去推及他人，自己希望怎样去生活，就要想到别人也希望怎样去生活；自己不愿意他人如何对待自己，就要首先记住不能这样对待他人；自己希望可以在社会上站得住脚，也就可以帮助他人站得住脚。总之，从自己的内心出发，去推及他人、理解他人、善待他人，做到推己及人，方能处处得人。

将自己不看重的价值给予他人，很可能会在"为他人造福"名义之下实施对他人自由的剥夺。相对来说，"己所不欲，勿施于人"更接近自由的真谛，但是在处理人际关系时，这一点相对于其他要求来说也更难做到。

每个人都希望自己生活在一个公平、公正的环境中，拥有自己想要的生活，受到他人的尊重。但现实生活中，我们却常常将自己的想法强加给他人，还以为是在为他人考虑，殊不知，对方的思想和生活都会因此而蒙上一层厚厚的阴影。所以，我们在为他人提出建议或强迫他人做某事之前，最好先反问一下自己：如果我来做这样的事，如果他人命令我这样做的话，我会高兴地接受吗？如果你的回答是否定的，就请你保留自己的想法与建议，因为在这种时候，保留远比说出来更能获得人气。

罗斯福年轻时曾担任过海军助理部长。一天，一位好朋友来看望他，谈话间，朋友突然想起一些从别人口中听说的军事秘密，便向罗斯福打听。

罗斯福听了眉头一皱，因为这位朋友打听的事情属于国家机密，根本不可能公开。但是如何拒绝才可以使自己既坚持了原则，又不损伤友谊呢？他灵机一动，故意向四周望了望，然后压低嗓子向朋友问道："你可以保证不对外人说这个军事机密吗？"

朋友急切地回答说："当然，当然能保密！"

罗斯福微微一笑："那么，我也能！"

哈佛逻辑精点

哈佛大学医学院教授、心理学家乔拉米卡利倡导人们要学会共情，共情是理解他人特有的经历并相应地做出回应的能力。在人与人相处的过程中，由于彼此的观念、利益、个性都不尽相同，所以不可避免地会发生一些冲突。应对这些冲突的最好方法就是站在别人的角度与立场去想问题，不要将自己不想要的东西、不愿意承受的事情、自己还未认同的想法与观念强加给别人。

图书在版编目（CIP）数据

哈佛逻辑课 / 穆臣刚著. —5 版. —北京：中国法制出版社，2022. 10

ISBN 978 -7 -5216 -2648 -3

Ⅰ. ①哈… Ⅱ. ①穆… Ⅲ. ①逻辑 - 通俗读物 Ⅳ. ①B81 -49

中国版本图书馆 CIP 数据核字（2022）第 066228 号

责任编辑：胡 艺　　封面设计：汪要军

哈佛逻辑课

HAFO LUOJI KE

著者/穆臣刚

经销/新华书店

印刷/北京海纳百川印刷有限公司

开本/710 毫米 × 1000 毫米 16 开　　印张/14. 5 字数/148 千

版次/2022 年 10 月第 5 版　　2022 年 10 月第 1 次印刷

中国法制出版社出版

书号 ISBN 978 -7 -5216 -2648 -3　　定价：42. 80 元

北京市西城区西便门西里甲 16 号西便门办公区

邮政编码：100053　　传真：010 -63141600

网址：http：//www. zgfzs. com　　编辑部电话：010 -63141817

市场营销部电话：010 -63141612　　印务部电话：010 -63141606

（如有印装质量问题，请与本社印务部联系。）